聚变点火原理概述

谢华生 著

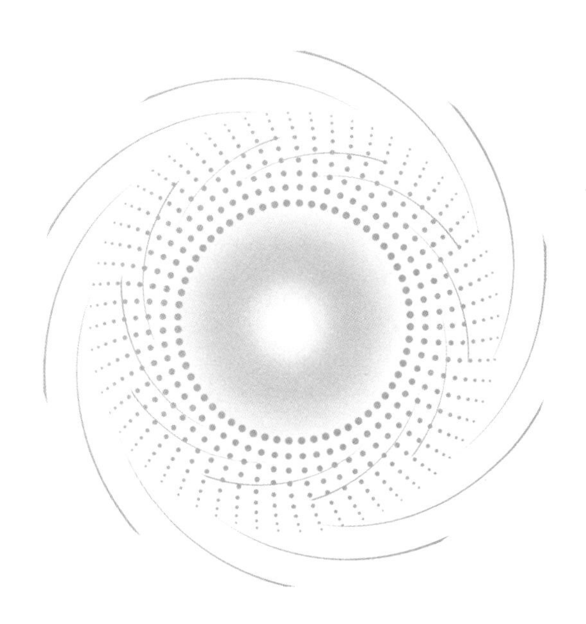

INTRODUCTION TO FUSION IGNITION PRINCIPLES

中国科学技术大学出版社

内 容 简 介

本书基于聚变点火基本原理的零阶量，系统梳理聚变能源研究当前的进展和还需要克服的挑战，包括磁约束、惯性约束、磁惯性约束聚变等各种方案，以对聚变作为能源的后续研发方向有更好的参考，这些挑战可以归结为物理、工程、材料、经济性等各方面. 具备高中以上知识即可阅读本书，本书也适合普通爱好者以及聚变领域的初学者、投资者、能源政策制定者及聚变行业从业人员阅读.

图书在版编目(CIP)数据

聚变点火原理概述/谢华生著.—合肥：中国科学技术大学出版社，2023.6(2024.1重印)
(核聚变科学出版工程)
ISBN 978-7-312-05673-4

Ⅰ.聚… Ⅱ.谢… Ⅲ.热核聚变—点火系统—研究 Ⅳ.TL64

中国国家版本馆CIP数据核字(2023)第078572号

聚变点火原理概述
JUBIAN DIANHUO YUANLI GAISHU

出版 中国科学技术大学出版社
安徽省合肥市金寨路96号，230026
http://press.ustc.edu.cn
https://zgkxjsdxcbs.tmall.com
印刷 合肥华苑印刷包装有限公司
发行 中国科学技术大学出版社
开本 787 mm×1092 mm 1/16
印张 11.5
字数 221千
版次 2023年6月第1版
印次 2024年1月第2次印刷
定价 68.00元

专家推荐

一

谢华生博士的《聚变点火原理概述》是一本介于学术专著与科普作品之间的关于核聚变能源研究的新作，适于受过高等教育的普通读者了解核聚变能源点火、发电的基本原理和必要条件，也可作为从事核能和聚变物理研究的科学工作者的专业参考书.

核聚变能源一直被认为是从根本上解决人类社会发展所必需的能源问题的主要途径. 特别是在人类面临能源与环境巨大挑战的今天，核聚变能源开发的重要性日益凸现，这不仅引起社会的广泛关注，而且也日益展现出聚变能发电的商业前景. 但是，聚变研究得到的社会关注也导致很多不科学的说法和模糊的认识. 公众、企业和研究人员都需要进一步加深对聚变点火的基本原理和所需条件的认识与了解. 出版这样一本关注聚变点火原理与条件方面的，带有科普性质的学术著作，不仅是必要的，也是非常及时的.

谢华生博士的这部书，比较全面地讲述了聚变点火的基本原理，特别是总结了聚变点火所必须达到的基本条件(零级量的关键问题)，对聚变能源发电的科学性和可行性都有独到的分析和归纳，在国内外聚变研究的各类书籍中独具特色，定会得到读者们极大热情下的关注和喜爱.

本书论述清晰、条理分明，既有学术严谨性，又通俗易懂，是一本不可多得的优秀著作，我向对核聚变感兴趣的读者强烈推荐这部书.

王晓钢

国家磁约束聚变专家委员会委员

哈尔滨工业大学教授

序　二

核聚变能是人类未来的永久能源，全世界的科学家为此艰苦探索超过了半个世纪．通过国际热核聚变实验堆（ITER）的建设，人们看见了聚变能商业应用的曙光．受控核聚变能源技术是人类历史上所遇到的最具挑战性的科学技术，即使 ITER 计划取得了预期的成功，也尚有诸多关键科学技术问题需要持续深入研究，诸如抗中子辐照的材料问题、氚自持问题以及燃烧等离子体的控制问题等．

核聚变能的利用，需要通过设计、建造聚变反应堆来实现，在这一过程中，聚变堆物理设计是第一步，也是关键一步．本书对聚变堆物理设计的零级量问题进行了详细阐述和分析，给出了物理设计基础和设计原则，包括聚变反应物理基础和劳逊判据、磁约束聚变堆芯部参数设计选择、不同类型聚变堆物理设计的参数区间与设计限制等．

本书总结了有关文献在该领域的最近成果，内容系统、全面，文字深入浅出．

本书可作为有关大学相关专业的本科高年级学生、研究生、教师及有关单位的科研工作者的科普读物，也可供与受控核聚变研究相关的科技工作者参考．

作者谢华生博士，现任新奥集团能源研究院聚变中心理论模拟首席科学家，长期从事聚变堆等离子体物理的理论和数值模拟工作，已出版计算等离子体物理专著一部，是一位非常出色的聚变堆物理设计方面的专家．

冯开明

中核集团核工业西南物理研究院聚变科学所原副总工程师

中核集团核工业西南物理研究院研究员

三

在过去的20年,特别是近10年来,国际上聚变能源的开发势头迅速增强,特别是ITER项目的启动及聚变关键技术的不断进步,带动了国际聚变能开发的热潮.民间资本也蜂拥而至,在国际上涌现出了很多聚变能开发的科技初创民营公司,对聚变能的投资规模不断被刷新.但大多数聚变能科技初创民营公司都有意或无意避开了目前聚变界公认最有希望较早实现聚变能和平利用的托卡马克方案,更多的是着力于整体工程技术难度较托卡马克更简单的其他途径方案,如:场反位形、磁惯性约束、球马克、靶等离子体压缩等新型聚变系统,这显然是考虑到了托卡马克系统的复杂性.美国能源部先进研究计划署(ARPA–E)在过去的20年内就对多个民间初创公司提供了资助,以推进具有高潜力、高影响力的新型聚变技术开发.虽然探索新型聚变系统一直是各国政府及民间资本所推崇的,但这些新型聚变系统的科学可行性尚待证实.

目前国际上尚未见从聚变等离子体最基本的要素出发,对不同路径聚变等离子体关键参数开展系统分析计算与对比的报告.本书正是弥补了这一缺憾,其从聚变等离子体物理最基本的要素出发,为正在开展的不同路径聚变系统梳理出最关键的论据,有助于为不同路径聚变系统的科学可行性或难易程度提供最基本的判据.

本书没有过于着墨于深奥的等离子体物理理论,但从基本原理及逻辑思维的角度对不同聚变技术路径做了概述性的分析与探讨,可作为从事聚变能研发工作的读者宏观了解聚变基本原理的有益读物,本书对那些对聚变能感兴趣的公众来说也是一本很好的科普读物.

武松涛

中国科学院等离子体物理研究所研究员、原副所长

ITER国际组织托卡马克工程司原副司长、主机总装总工程师

四

核聚变能被认为是人类最有希望的终极能源之一.半个多世纪以来,世界主要国家投入了巨大的人力和物力开展受控核聚变研究,积累了丰富的知识和经验,取得了可观的成绩.但是,要实现核聚变能的商业应用,人类还面临若干严峻的挑战.本书系统介绍了核聚变能的基本原理,梳理了采用不同的核聚变反应实现聚变能应用的条件、优劣和需要解决的关键科学技术问题.同时,本书还应用所介绍的原理,具体分析了不同的聚变研究途径(磁约束、惯性约束和磁惯性约束)取得的成果、最佳的等离子体参数区间以及面临的挑战.

本书对聚变政策制定人员和研究规划的编写和管理人员有着重要的参考价值,对从事聚变研究的专业人员(尤其是装置设计人员)、相关专业的学生及关心聚变能开发和应用的普通读者都很有启发性,是很好的入门和开阔视野的读物.

所有关心聚变能开发和应用的读者都应该来读读这本书.

董家齐

中核集团核工业西南物理研究院研究员

五

我仔细阅读《聚变点火原理概述》这本书,认为有必要向广大读者强烈推荐,理由如下:

1. 本书的出版,正好能满足目前由于国内外创新科技受到风险投资热影响而出现的各种“聚变”商业、聚变企业所产生的求知欲望.

2. 本书对各种类型的聚变途径不但从物理上对其科学可行性及其难点、难度做了较为深入的(数值模型)分析、比较,而且更重要的也是本书与其他同类图书不同的(创新点)是:具体地从能源(的经济性及未来的环境允许性)的角度来倒推其技术的难点及可行性.

3. 本书有一个广大的潜在读者群:想对聚变有所了解的普通人群(从大中学生到知识中青年),聚变企业的投资者、决策者,目前正从事各种聚变研究活动的专业人员.

4. 作者在第一线从事核聚变研究多年,用心收集和比较各种聚变途径,且进行过认真的数值研究,因此可以认为本书的专业水准是有保障的.

5. 最后,目前无论是国内还是国外,都缺乏能反映最新聚变研究热的科学(包括普及和从最基本科学技术要求出发来讨论的)图书,而本书恰逢其时!

所有有志于聚变能开发和应用工作及对此有兴趣的读者都不可不尽快阅读此书.

胡希伟

华中科技大学教授

前　　言

聚变能源的实现一直是“还差三十年”. 那么,究竟差在哪里呢? 这需要进行一次系统的盘点,从而梳理出面临的问题,找到攻关的方向. 本书聚焦聚变点火基本原理的零阶量,进行定量的计算和对比,且所建立模型的所有数据、代码均开放(http://hsxie.me/fusionbook),任何人都可以进行校核和重现.

“零级量/零阶量”来自数学上的微扰展开法或者泰勒展开法,这种方法在物理研究中经常用到,也为聚变物理学家所熟悉,其代表最主要的影响因素,也即主要矛盾;而一阶量、二阶量则是在解决了零阶量后才重要,可认为是次要因素. 聚变研究中的一阶量、二阶量,如不稳定性、湍流输运,通常过于复杂,耗费了聚变研究人员过多的精力,过度聚焦于此反倒使得人们忽视从宏观的全局角度审视聚变能源研究所需解决的问题. 本书目的在于梳理出聚变能源研究的主要因素,它们通常无需复杂的数学物理基础就能被理解. 在判断某条聚变技术路线的可行性时,应优先判断这些主要因素能否被解决.

本书的撰写源于数年前笔者一直想弄清楚的问题:“聚变能源是否真的可行,怎样可行.”经过各种角度的研究,最终得出结论:“很难,但有可行性.”本书是对得出的结论和过程的简要总结. 同时需要说明的是,本书提供的内容是基础的纲要,只分析难度和可行性,而无法下绝对的结论. 基于不同的具体考虑和倾向,不同的人可能会得出自己需要的结论,比如本书的观点是倾向于认为氘–氘–氦-3 聚变最可能率先实现商业化,而笔者所在的机构新奥能源研究院基于环保无中子的考虑依然选择了氢–硼聚变作为研发目标，行业主流则基于物理的难易程度优先发展氘–氚聚变，而这些不同的选择和倾向之间并不矛盾.

需要特别感谢新奥能源研究院提供的研发环境、部分参与聚变路线讨论和研究的同事以及在国内外访问交流的同行. 这里尤其感谢李阳、Michel Tuszewski、白宇坤、陈彬、罗迪、赵寒月、蔡剑青、邓必河、郭后扬、刘敏胜、陈培培等同事的无数次的讨论和共同分析以及王晓钢、徐国盛、冯开明、武松涛、董家齐、胡希伟等业内资深专家的点评.

最后，感谢家人一直以来的支持. 本书献给我的妻子和刚出生的双胞胎儿子们.

谢华生

新奥能源研究院

2022 年 7 月

目　录

第 1 章

聚变能源为何值得追求

人类科技史的核心可概括为对能量与信息研究使用的进步. 从学会用火, 到利用化石能源, 再到利用核能, 人类能控制和利用的能源总量的每一次突破, 都带来科技的大幅进展或飞跃. 同样, 驯化马匹、建立烽火台、诞生文字、造纸术、印刷术、火车汽车、航空航天、无线电、互联网等, 信息的总量和传播速度的每一次突破, 代表着人类科技的一次次飞跃. 自 20 世纪 40 年代人类释放了核裂变能, 过去几十年人类在能源领域的革命性不大, 未有数量级层次的改变; 这段时间人类科技进展的主旋律是信息, 以移动通信、个人计算机和互联网为代表呈现指数级的变化, 极大地扩展了人类能力的边界.

统计显示能源消耗量与经济发展 (GDP) 正相关, 人们也越来越期待出现能源领域的"贝尔实验室", 像在通信领域那样掀起能源领域的新革命. 事实上, 人类的能源年消耗量, 在过去几十年并未数量级的增加. 能量突破的下一个飞跃, 必然是核能中的聚变能, 只有它才能带领人类走出太阳系.

纵观人类科技史, 我们总结了两条经验或教训:

① 只要是不违反物理学定律的, 再难也能实现;

② 只要违反物理学定律的，愿景再美好也无法实现. 前者如引力波的探测，后者如永动机.

没有科学定律指出聚变能源不能实现，同时因为恒星就是巨大的自然聚变能源装置，且基于聚变原理的氢弹也早已实现，因此聚变能源终将实现. 但距离人类可控的聚变能源方案，道阻且长. 我们需要清楚意识到实现中的困难，这就是本书的主要目的.

1.1 当前的能源形势

除了核裂变能外，当前人类在地球上能使用的能源在本质上几乎都是来自太阳的核聚变能. 太阳中心的密度约为 $1.5 \times 10^5\,\mathrm{kg/m^3}$（数密度约 $10^{31}\,\mathrm{m^{-3}}$），温度约 1.3 keV（$1.5 \times 10^7\,\mathrm{K}$），其巨大的质量被重力所约束. 参考 Dolan (2013) 的数据，太阳直接辐射到地球的能量功率为 178 000 TW（约$1.4\,\mathrm{kW/m^2}$）($1\,\mathrm{TW}=10^{12}\,\mathrm{W}$)，而其中 62 000 TW 直接反射，76 000 TW 在地面接收后重新辐射掉，接收到的能量中 40 000 TW 形成了水蒸气，3 000 TW 转换为风能，不到 300 TW 转换为波，80 TW 通过光合作用转换为生物质能，这些能量又转换为各种水能、地热能、化石能源（煤、石油、天然气，等）等能源形式. 在直接辐射的聚变能之外，太阳还为地球提供潮汐能约 3 TW，其本质为重力势能.

当前全球能源储量估计如表 1.1 所示，来自不同数据源的数据差别较大，但不影响数量级. 当前全球人类活动的能源消耗量约 20 TW. 可以看到化石能源还足够人类使用几十到几百年；核裂变能足够人类使用 1 千年；可再生能源也能满足人类现阶段的使用.

如果人类期望控制的能源比当前能控制的有数量级的提升以走出地球，则只能依靠核能，尤其是核聚变能，其能量密度约为其他能源的百万倍. 另外，随着能源消耗量的大增，需要新技术以更经济地获取能源. 清洁、无碳、安全，也是人类追求的目标. 聚变能源，具有能量密度大、清洁无碳、理论上安全、原料几乎无限等多方面优点，因而被认为是人类的“终极能源”，这是人类研究聚变能源的长期动机. 这里所说的“终极能源”并非指再也找不到比它更优越的能源了，而是它已经足够被称为人类的理想能源，能满足人类在可设想的范围内使用了.

表 1.1 世界能源近似估计 (1 ZJ=10^{21} J=31.7 TW· 年)

能源类别	可经济开发的 (ZJ)	储量 (ZJ)	能源类别	技术潜力 (ZJ/年)
化石能源			**可再生能源**	
煤	20	290~440	生物质能	0.16~0.27
石油	9	17~23	地热能	0.8~1.5
天然气	8	50~130	水能	0.06
核裂变能			太阳能	62~280
$^{238}U + ^{235}U$	260	1 300	风能	1.3~2.3
^{232}Th	420	4 000	海洋能	3.2~11
核聚变能				
海水中锂		1.40×10^{10}		
陆地上锂		1 700		
氘		1.60×10^{10}		

注:参考 Dolan (2013).

1.2 当前聚变能源研究所处阶段

任何一种能源或者能走向市场的技术,都要经历 4 个阶段:概念可行、科学可行、工程可行和商业可行. 聚变能源的概念可行性,是指在概念上聚变可以成为一种能源,这一点人们早已不再怀疑. 而科学可行性,主要由能量得失的劳森判据度量,它由温度、密度和能量约束时间三个参数衡量,其细节在后文会进行讨论. 只有三个参数达到一定值才在科学上可以使得聚变输出的能量大于维持聚变所输入的能量,即

$$\text{增益因子}Q = \frac{\text{聚变输出的能量}}{\text{维持聚变所输入的能量}} > 1$$

目前一般认为以托卡马克为代表的磁约束聚变在 1998 年左右,通过英国 JET、美国 TFTR 和日本 JT60U 三个装置的氘氚或氘氘等效实验,基本实现了接近氘氚聚变的能量得失相当条件,验证了科学可行性;2014 年、2021 年和 2022 年,以美国 NIF 为代表的激光惯性约束的实验,基本验证了能量增益可实现,尤其是 2022 年首次实现了聚变能量正增益,2.05 MJ 的激光能量产生了 3.15 MJ 的聚变能量,Q 约达到 1.5. 而以国际热核聚变实验堆 ITER 为代表的装置则将进一步验证科学可行性,同时部分验证工程的可

行性,在聚变堆条件下,证实一些工程技术可满足要求. 预期在 2027 年后 ITER 进行第一次等离子体放电实验. 而对于聚变的商业可行性的验证,即能源或发电成本可与现有能源竞争,目前还很难确定可靠的时间表. 历史上,所有预测"聚变能源可以在 30~50 年内实现"的说法,都未能充分评估聚变能源实现的难度. 聚变能源研究历史部分重要时间节点见图 1.1,当前聚变能源研究所处阶段见图 1.2.

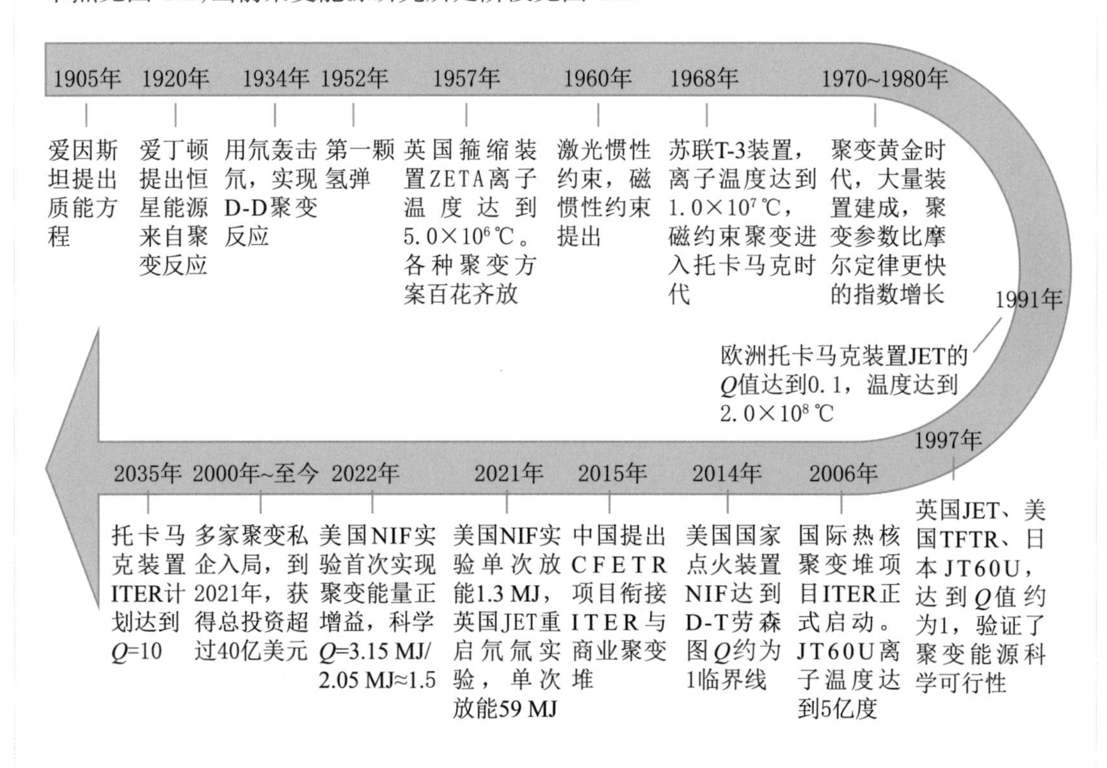

图 1.1 聚变能源研究历史上部分重要时间节点

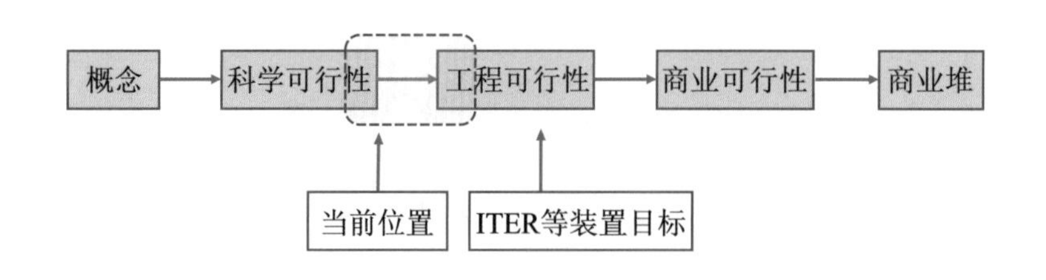

图 1.2 当前聚变能源研究所处阶段

人们已经提出过多种聚变方案，从约束方式的角度进行划分，主要可分为重力约束、磁约束、惯性约束，而磁化靶聚变可归为磁约束和惯性约束的结合，因而也称为磁惯性约束；静电约束则归为惯性约束；还有部分聚变方案可归为壁约束，如冷聚变. 在后文将对这些方案进行详细介绍和评述.

1.3 聚变能源的信心

我们需要明确，聚变本身较为容易，只需要利用市面上可买到的几十千伏的电源及一些氘就能实现，这就是新闻中有时会报道的“某位中学生在其地下室实现了聚变”；而聚变能源非常难，可控[①]聚变能源则更难，人类近七十年都在努力填补聚变到聚变能源的间隔. 恒星和太阳的巨大能量来自聚变能，再加上氢弹的实现，都让人们相信可控的聚变能源迟早会实现. 对于何为“可控”，并无严格的定义，但人们不认为氢弹这种瞬间（微秒级别）释放千吨以上 TNT（三硝基甲苯）当量的能量释放装置是可控的，因为其具有巨大的破坏性；而把惯性约束中 1 ns 释放几兆焦的能量认为是可控的，因为这不会对设备造成破坏性的损害.

聚变能源迟迟未能成功，除了本身难度外，还有一个原因就是当前及未来几十年内其他能源尚足够人类使用，且价格还没到难以承受的状态，即还不到必须使用聚变能源的时刻，因此人类每年投入聚变研发的经费尚不多，年研发经费为 10亿 ~ 30 亿美元，从业人员也不到 3 万. 通常只有生存危机带来强烈的紧迫感，比如人类许多技术是由于战争的紧迫感，才会使得不计成本的投入，加速突破. 聚变能源的紧迫感尚未到迫在眉睫的程度，对人类而言，不属于“雪中送炭”，最多只是“锦上添花”.

① 准确而言，应该是“受控/controlled”，而不是“可控/controllable”，但大家叫习惯了于是约定俗成而已，本书暂不严格区分两者.

1.4 本书定位

本书尽力建立严密的逻辑过程，在确保逻辑本身无问题的同时确保模型和数据的完整性，使得每个人按同样的逻辑就能得出同样的结论. 如果要突破结论，则需要突破模型中假设的条件. 本书不涉及过于复杂的理论，比如反常湍流输运机制、等离子体不稳定性等，而希望通过尽可能简单的逻辑和计算来梳理出关键点，也即零级量/零阶量（Zeroth Order Factors），帮助读者从各种纷繁复杂的方案中快速判断出可行性高的路线，而不被不太可行的方案所干扰. 这里的读者，不局限于感兴趣的非聚变专业人员、初学者或能源政策制定者，也包括聚变专业人员. 这是因为大部分聚变专业人员只研究这一领域中某个细节分支，没有全面考虑过聚变能源涉及的完整要点.

本章要点

★ 聚变能源被认为是人类的终极能源；

★ 聚变能源在原理上可行，因而终将实现；

★ 聚变能源实现难度极大，而其他能源还足够人类使用上千年，因而就目前而言聚变能源并非必不可少.

第 2 章

聚变核反应基础

理想状态下原子序数在铁元素之前的元素都能进行聚变反应放出能量. 然而作为聚变能源,我们最先需要考虑的是聚变反应发生的容易程度(由反应截面及其对应的能量描述)以及单次反应放出的能量大小,所以其中可供选择的并不多,这也是聚变能源的研发之路困难重重的最关键原因.

2.1 值得考虑的聚变核反应

核反应(nuclear reaction),是指入射粒子与原子核(称靶核)碰撞导致原子核状态发生变化或形成新核的过程. 这些入射粒子包括高能质子、中子、γ 射线、高能电子或其他核粒子. 核反应遵守核子数、电荷、动量和能量守恒定律. 常见的核反应有衰变(如 α

衰变、β 衰变、γ 衰变)、重核裂变、轻核聚变等.

原子核的结合能表示原子核 ${}_{Z}^{A}\mathrm{X}$ 总质量 m_x 对应的能量与独立的质子质量 m_{p} 和中子质量 m_{n} 的总能量之间的差值,依据的是爱因斯坦质能方程,即

$$\Delta E = m_x c^2 - [Zm_{\mathrm{p}} + (A-Z)m_{\mathrm{n}}]c^2 = \Delta m c^2, \tag{2.1}$$

其中,c 为光速.

比结合能[①](核子平均结合能)$\Delta E/A$ 与质量数 A 关系的曲线如图 2.1所示. 从图 2.1 中我们可以看到铁元素 ${}_{26}^{56}\mathrm{Fe}$ 处于结合能最低态,因而最稳定;轻核可通过聚变反应靠近最低态,重核可通过裂变反应靠近最低态. 单次核反应典型的能量释放在 MeV 量级,也即 1.6×10^{-13} J. 相较而言,核外电子状态改变的化学反应,如氢的燃烧

$$\mathrm{H_2} + \frac{1}{2}\mathrm{O_2} \longrightarrow \mathrm{H_2O} + 2.96\,\mathrm{eV},$$

单次反应只在 eV 级别,约差 6 个数量级,也即核能的能量密度大约为同质量化石能源的百万倍.

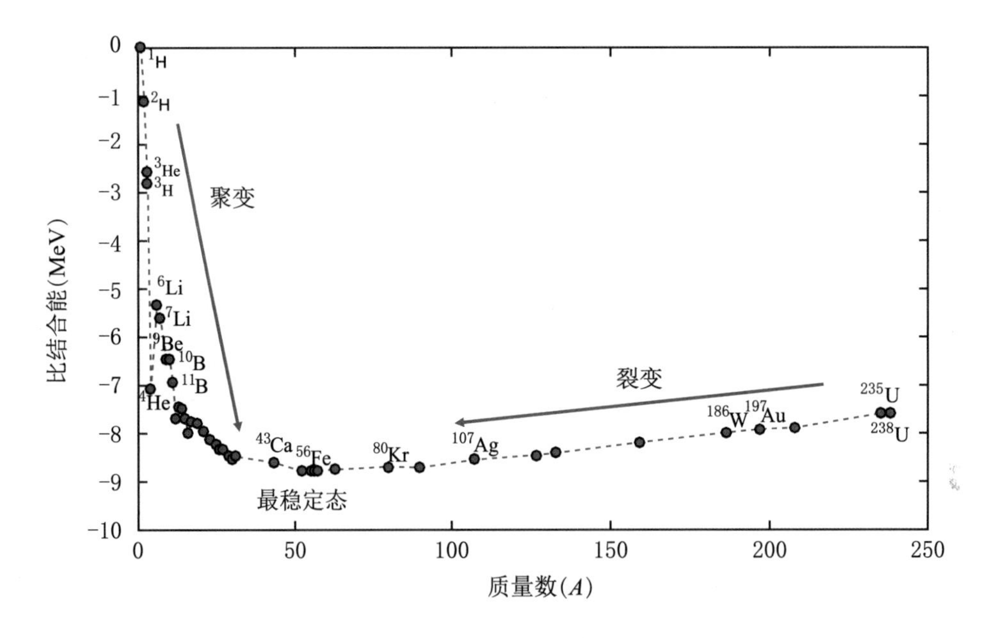

图 2.1 一些稳定同位素的比结合能(Binding energy per nucleon)与质量数关系

(注: 数据源自 Ghahramany (2012))

① 为了看起来像势阱,我们把正负号反过来画了.

典型的裂变反应如

$$ {}^{235}_{92}\mathrm{U} + {}^{1}_{0}\mathrm{n} \longrightarrow {}^{141}_{56}\mathrm{Ba} + {}^{92}_{36}\mathrm{Kr} + 3{}^{1}_{0}\mathrm{n} + 202.5\,\mathrm{MeV} + 8.8\,\mathrm{MeV}, \tag{2.2} $$

其中,8.8 MeV 由反中微子携带.

上述及其他几种裂变反应是目前在运行的核能电站的基础. 其主要缺点是:

① 有强放射性,需进行专门的核废料处理;

② 地球上可开采的原料有限,不足以支撑人类长远(1 万年以上)的持续快速增长的能源需求. 因此,核裂变并未被认为是人类的终极能源.

这里对于“聚变”,我们采用广义的定义,也即两个原子核通过碰撞克服库仑势垒发生核反应,产生新的粒子的过程,而不要求反应后的原子核比反应前的原子核质量数大. 而对于“裂变”,我们指原子核与中子相互作用,产生新粒子的过程. 中子无须像带电粒子那样克服原子核中强的库仑势,因此裂变反应通常较容易发生和控制.

2.1.1 库仑散射截面

对于聚变反应而言,需要原子核本身有一定动能以克服库仑势垒. 经典物理下的静电势垒为

$$ U(r) = \frac{1}{4\pi\epsilon_0} \cdot \frac{Z_1 Z_2 e^2}{r} = 1.44 \frac{Z_1 Z_2}{r[\mathrm{fm}]} [\mathrm{MeV}], \quad r > r_{\mathrm{n}}, $$

其中,$1\,\mathrm{fm} = 10^{-15}\,\mathrm{m}$,$r_{\mathrm{n}}$ 为原子核半径的间距,约为 $1.44 \times 10^{-15}(A_1^{1/3} + A_2^{1/3})\mathrm{m}$;$Z_1, Z_2$ 为电荷数,A_1, A_2 为质量数,均取为 1 时,得 $V_{\mathrm{b}} = U(r_{\mathrm{n}}) \approx 1\,\mathrm{MeV}$. 从上述表达式也可看出,$Z_1, Z_2$ 越大的原子核,库仑势垒越高,更难发生聚变. 庆幸的是,由于量子物理效应,存在量子隧穿,使得低于势垒的能量在靠近核时依然可穿过势垒从而发生核反应. 穿过库仑势垒后的势阱吸引能量 $U_0 \approx 30 \sim 40\,\mathrm{MeV}$. 图 2.2 为原子核外的势垒示意图.

对于库仑微分散射截面进行积分,得到有效的总库仑散射截面 [Chen (2015),Spitzer (1956)]:

$$ \sigma = \pi b_{90}^2 \ln \Lambda, $$

$$ b_{90} = \frac{1}{4\pi\epsilon_0} \frac{Z_1 Z_2 e^2}{E}, $$

其中,$\Lambda = 12\pi n \lambda_{\mathrm{D}}^3$,为等离子体对长程静电力的屏蔽效应,$n$ 为粒子数密度;λ_{D} 为德拜长度;b_{90} 代表发生 $90°$ 散射偏转时的入射半径. 对于聚变相关的参数,$\ln \Lambda$ 的变化范围不大 (表 2.1). 对于聚变堆参数,我们可以取典型近似值 $\ln \Lambda \approx 16$.

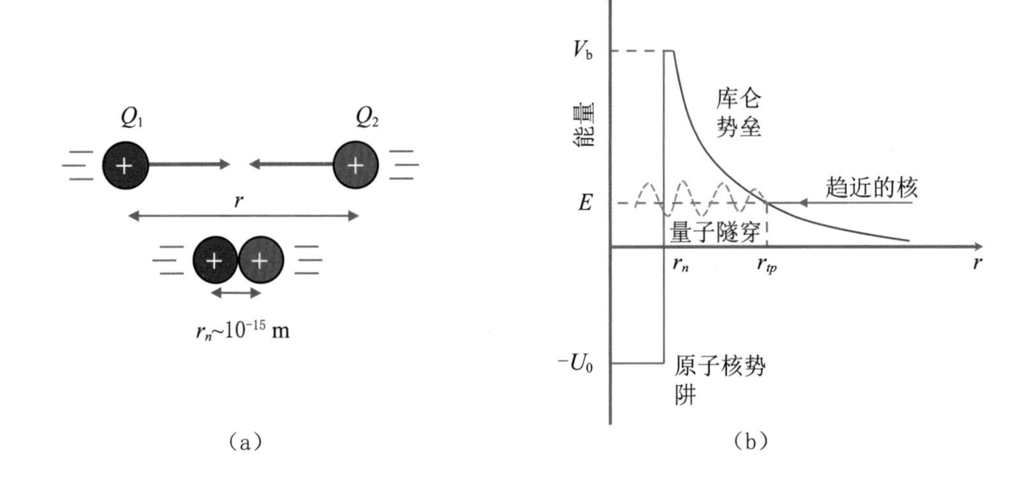

图 2.2　原子核库仑势垒示意图

(由于量子隧穿效应,以低于库仑势垒的能量对撞,也有一定概率穿过势垒使得聚变发生)

表 2.1　典型聚变参数下的库仑屏蔽参数 Λ

温度 T_e(eV)	密度 $n(m^{-3})$	$\ln\Lambda$	典型装置
0.2	10^{15}	9.1	Q 机器
2	10^{17}	10.2	实验低温等离子体
100	10^{19}	13.7	典型环形装置
10^4	10^{21}	16.0	聚变堆
10^3	10^{27}	6.8	激光等离子体

2.1.2　可选的聚变核反应

我们选择聚变燃料要基于几个因素：反应截面大小、反应温度和单次能量释放大小,因而可选的核反应并不多. 本节我们假定现有的反应截面测量数据或理论数据都无数量级偏差，很容易盘点出图 2.3 所示的结果，也即，相对容易的核反应只有少数几种,其他均是反应截面过低 (小于 0.5 b) 或者反应能量要求过高 (大于 500 keV),其中 $1\,b = 10^{-28}\,m^2$, $1\,keV \approx 1.16 \times 10^7\,K$. 从图 2.3 中我们也看到,高原子序数 Z 的原子核间确实更难发生聚变反应. 在后文中我们会看到,高 Z 原子核还有另一个不利因素在于辐射损失大. 从而,多个因素均限定了值得优先考虑的聚变核反应只有与氢及其同位素相关的少数几种.

只考虑半衰期>1 min的两体聚变+以单次反应放能和反应截面作判据

图例:相对易;难;非常难

	^{1}H	^{2}H	^{3}H	^{3}He	^{4}He	^{6}Li
^{1}H	1.4 MeV $>10^{-25}$ b 在>1 MeV					
^{2}H	5.5 MeV 10^{-6} b 在 1 MeV	3.65 MeV >0.1 b 在>150 keV				
^{3}H	−0.76 MeV	17.6 MeV 5 b 在 80 keV	11.3 MeV 0.16 b 在 1 MeV			
^{3}He	19.8 MeV	18.3 MeV 0.8 b 在 300 keV	13 MeV >0.2 b 在>450 keV	12.9 MeV >0.15 b 在>3 MeV		
^{4}He		1.5 MeV 10^{-7} b 在 700 keV	2.5 MeV	1.6 MeV		
^{6}Li	4.0 MeV 0.2 b 在 2 MeV	5.0 MeV 0.1 b 在 1 MeV	16.1 MeV	16.9 MeV >0.03 b 在>1 MeV	−2.1 MeV	$Z_1Z_2 \geq 8$ 库仑势垒过高
^{7}Li	17.3 MeV 0.006 b 在 400 keV	15.1 MeV >0.5 b 在>1 MeV	8.9 MeV >0.2 b 在>4 MeV	11~18 MeV	8.7 MeV 0.4 b 在 500 keV	
^{7}Be	0.14 MeV 2×10^{-6} b 在 600 keV	16.8 MeV	10.5 MeV	11.3 MeV	7.5 MeV 0.3 b 在 900 keV	
^{9}Be	2.1 MeV 0.4 b 在 300 keV	7.2 MeV >0.1 b 在>1 MeV	9.6 MeV >0.1 b 在>2 MeV		5.7 MeV 0.3 b 在 1.3 MeV	
^{10}Be						
^{10}B	1.1 MeV 0.2 b 在 1 MeV	9.2 MeV >0.2 b 在>1 MeV				
^{11}B	8.7 MeV 0.8 b 在 600 keV	13.8 MeV >0.1 b 在>1 MeV	8.6 MeV			
^{11}C						
^{12}C	1.9 MeV 1×10^{-4} b 在 400 keV					
^{13}C	7.6 MeV 0.001 b 在 500 keV					
^{14}C						
	$Z_1Z_2 \geq 7$ 库仑势垒过高					

图 2.3 聚变核反应难度

(可供聚变能源研究选择的聚变核反应不多)

太阳上的核反应被认为是基于 p-p(质子–质子)和 CNO(碳氮氧)循环链的,温度约 1.5×10^7 K(1.3 keV),反应截面极低,小于 10^{-20} b. 也正因为反应截面极低,才能持续燃烧几十亿年,且由于体积和质量巨大,即使极低的反应率,释放的能量也巨大."人造太阳"是指基于聚变反应释放能量,而并非寄希望于采用太阳中的聚变燃料.

根据前述判据,优选出来的值得考虑的聚变反应为

$$\mathrm{D + T \longrightarrow n(14.07\,MeV) + {}^4He(3.52\,MeV)}, \tag{2.3}$$

$$\mathrm{D + D \longrightarrow n(2.45\,MeV) + {}^3He(0.82\,MeV)(50\%)}, \tag{2.4}$$

$$\mathrm{D + D \longrightarrow p(3.03\,MeV) + T(1.01\,MeV)(50\%)},$$

$$\mathrm{D + {}^3He \longrightarrow p(14.68\,MeV) + {}^4He(3.67\,MeV)}, \tag{2.5}$$

$$\mathrm{p + {}^{11}B \longrightarrow 3\,{}^4He + 8.68\,MeV}, \tag{2.6}$$

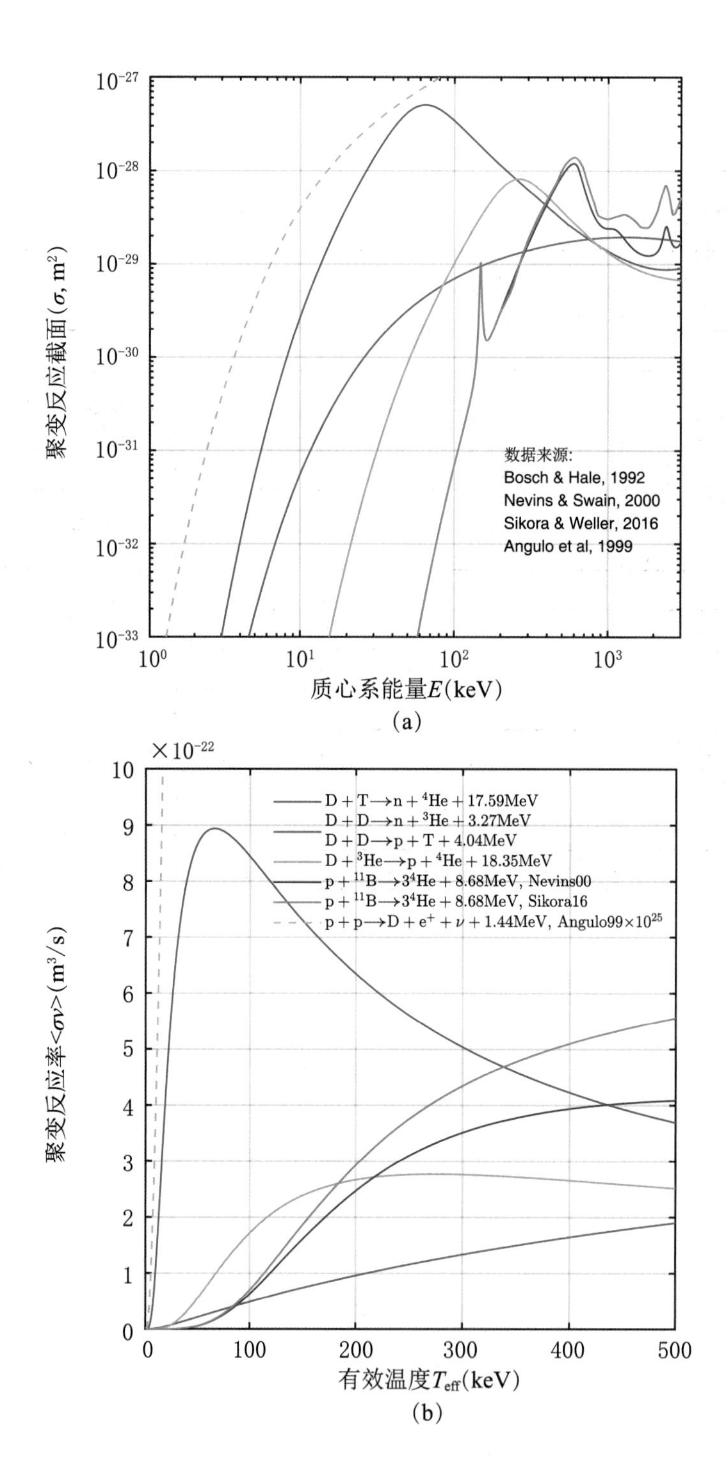

图 2.4　几种常见适合可控聚变能源研究的核反应的反应截面和反应率及与太阳的 p-p 反应的对比

(注: p-p 反应的数据倍乘了 10^{25})

其中，D-D（氘-氘）反应中两个通道的 50% 是指峰值的反应截面两者相近，反应式右端的能量分配未包含左端原子核的初始动能. 至于其他核反应为何暂无需考虑? 一方面是这里列举的核反应如果能成功实现聚变增益，则已经足够使用；另一方面，通过劳森判据的讨论，我们可以看到这里列举的核反应之外的反应难度更是数量级的增加. 图 2.4 画出了前述几种主要的聚变核反应的反应截面 σ 及麦氏分布函数下的反应率 $\langle\sigma v\rangle$. 关于反应截面及反应率的具体物理含义，可参考附录及第 3 章. 除了上述几种核反应外，聚变反应中值得关心的其他主反应和副反应见表 2.2.

表 2.2　聚变能源相关的一些主要聚变反应及副反应 (McNally, 1982)

氘 聚 变	质子聚变
主要反应	主要反应
$D+T\longrightarrow n+{}^4He+17.586\,MeV(3.517\,MeV)$	$p+{}^6Li\longrightarrow {}^3He+{}^4He+4.022\,MeV(4.022\,MeV)$
$D+D\longrightarrow P+T+4.032\,MeV(4.032\,MeV)$	$p+{}^9Be\longrightarrow {}^4He+{}^6Li+2.125\,MeV(2.125\,MeV)$
$D+D\longrightarrow n+{}^3He+3.267\,MeV(0.817\,MeV)$	$p+{}^9Be\longrightarrow D+2{}^4He+0.652\,MeV(0.652\,MeV)$
$D+{}^3He\longrightarrow p+{}^4He+18.341\,MeV(18.341\,MeV)$	$p+{}^{11}B\longrightarrow 3{}^4He+8.664\,MeV(8.664\,MeV)$
$D+{}^6Li\longrightarrow 2{}^4He+22.374\,MeV(22.374\,MeV)$	二级反应
$D+{}^6Li\longrightarrow p+{}^7Li+5.026\,MeV(5.026\,MeV)$	${}^3He+{}^6Li\longrightarrow p+2{}^4He+16.880\,MeV(16.880\,MeV)$
$D+{}^6Li\longrightarrow n+{}^7Be+3.380\,MeV(3.380\,MeV)$	${}^3He+{}^6Li\longrightarrow D+{}^7Be+0.113\,MeV(0.113\,MeV)$
$D+{}^6Li\longrightarrow p+T+{}^4He+2.561\,MeV(2.561\,MeV)$	${}^3He+{}^3He\longrightarrow 2p+{}^4He+12.861\,MeV(12.861\,MeV)$
$D+{}^6Li\longrightarrow n+{}^3He+{}^4He+1.796\,MeV(\sim 1.134\,MeV)$	${}^4He+{}^9Be\longrightarrow n+{}^{12}C+5.702\,MeV(0.439\,MeV)$
二级反应	${}^4He+{}^9Be\longrightarrow n+3{}^4H\ e-1.573\,MeV(-)$
$p+T\longrightarrow n+{}^3He-0.765\,MeV(-)$	${}^4He+{}^{11}B\longrightarrow p+{}^{14}C+0.784\,MeV(0.784\,MeV)$
$T+T\longrightarrow 2n+{}^4He+11.327\,MeV(\sim 1.259\,MeV)$	${}^4He+{}^{11}B\longrightarrow n+{}^{14}N+0.158\,MeV(0.158\,MeV)$
$T+{}^3He\longrightarrow n+p+{}^4He+12.092\,MeV(\sim 6.718\,MeV)$	$p+{}^{10}B\longrightarrow {}^4He+{}^7Be+1.147\,MeV(1.147\,MeV)$
$T+{}^3He\longrightarrow D+{}^4He+14.391\,MeV(14.391\,MeV)$	注：释放能量 $Y(Y_+)$，Y_+ 为带电产物能量，
${}^3He+{}^3He\longrightarrow 2p+{}^4He+12.861\,MeV(12.861\,MeV)$	Y 为含中子的总能量

注意，两体产物（氘-氚、氘-氘、氘-氦）的能量分布由动量守恒和能量守恒可以唯一确定，在忽略质心能量的情况下，产物的能量分配与其质量成反比. 但氢硼（p-^{11}B）聚变产物为 3 个 α 粒子（^{4}He），它们的能量并不相等甚至不是单能的，而是有一定的能谱分布，这与两体产物的核反应情况不同. 这也导致目前实验测量到的氢硼反应截面可能并不准确，比如 Sikora (2016) 的数据相对 Nevins (2000) 的数据，在 0.2~2 MeV 区间中甚至有 50% 以上的增加. 与氘-氚（D-T）、氘-氘（D-D）、氘-氦（D-^{3}He）不同，氢硼反应准确的截面数据还有待核物理研究人员进一步确定.

不管怎样,如图 2.5 所示,由于在我们关注的能区 $E < 1\,\mathrm{MeV}$,库仑散射截面远大于聚变反应截面,要实现聚变能源,必须对聚变原料进行约束,使其能充分发生反应,这就排除了以束靶方式实现聚变能源的可能性. 而对于高能区 $E \geqslant 1\,\mathrm{MeV}$,由于反应粒子本身的动能已经接近聚变产物的能量,所以很难用来获取经济性的聚变能源. 对于大于电子相对论能量 0.511 MeV 的能区,会存在正负电子对产生和湮灭等各种复杂的量子和相对论物理难题,尽管系统的评估目前依然缺乏,但尚无明显理论支持它们对实现聚变能源有足够的正效应可以抵消本身能量过高的能量消耗问题.

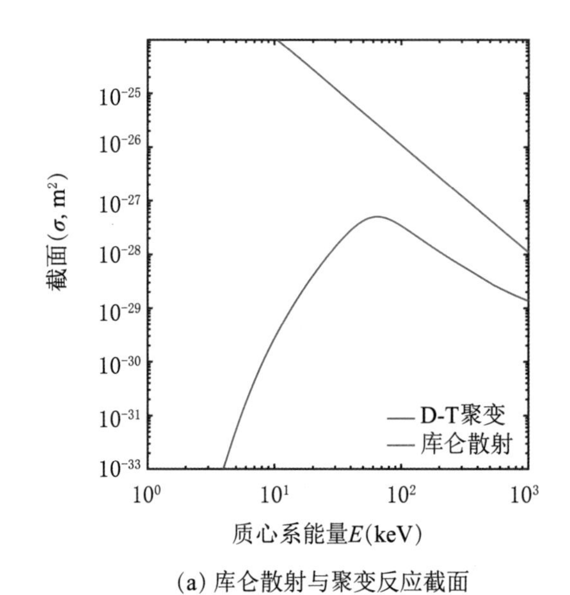

(a) 库仑散射与聚变反应截面

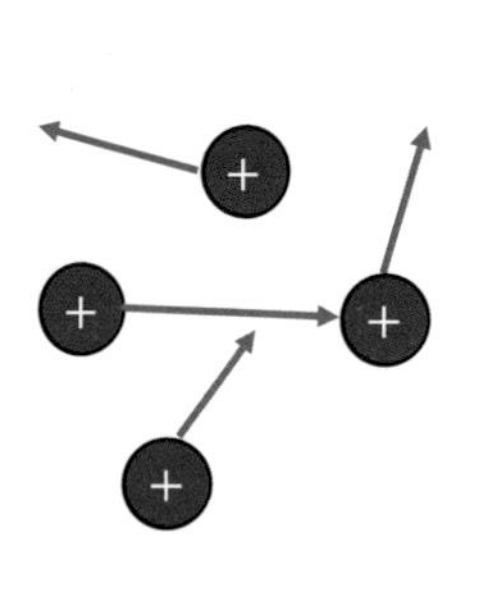

(b) 无约束,散射分散

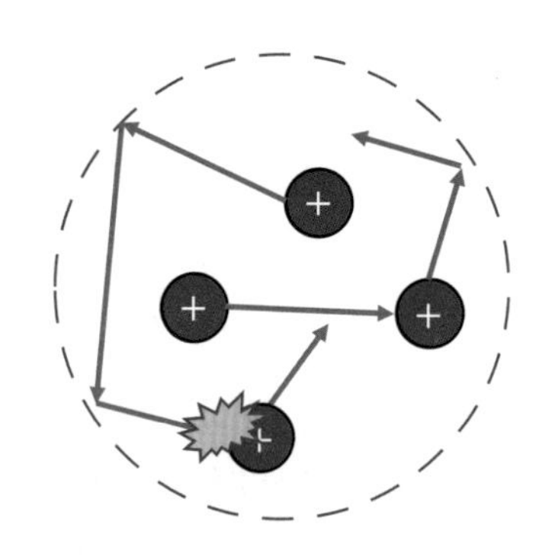

(c) 有约束,聚变概率大增

图 2.5　库仑散射截面与聚变反应截面对比

(库仑散射截面远大于聚变反应截面,只有当聚变燃料被约束起来有效增加碰撞概率,才能使得聚变能源成为可行)

作为对比,裂变热中子(0.025 eV)碰撞 $^{235}_{92}U$ 的反应截面是 600 b,所需的原料能量小,反应的截面大,从而远比聚变反应容易发生. 所以这是裂变能源很快成功而聚变能源则距离成功尚远的最主要原因.

2.2 几种聚变燃料的主要优缺点

各种聚变燃料都有明显的缺点,因此,未来第一个实现商业化的聚变堆采用的是何种燃料还并不确定. 但几乎可以确定的是,必然是以下四种中的一种或者几种的组合. 这是因为其他燃料,从资源总量、产物是否无中子、反应截面大小、反应所需温度高低等多个条件均不优于氢–硼,因而在实现氢–硼聚变能源前无须更进一步关注其他的聚变燃料.

2.2.1 氘–氚

氘–氚(D-T)聚变是最容易维持热核反应的燃料,其优点明显:(1)在低能情况下,其聚变反应截面最大;(2)单次核反应释放的能量大(17.6 MeV,其中 3.52 MeV 为带电的 α 粒子);(3)只含单电荷核,韧致辐射小. 基于这些优点,其点火温度是所有燃料中最低的,为 5~10 keV. 这使得磁约束聚变时所需的磁场也相对低,同时聚变功率密度大. 因为这些,氘–氚聚变是优先被研究的.

但氘–氚聚变也有严重的缺点. 首先是氚的半衰期只 12.3 年,即发生衰变反应:

$$T \longrightarrow {}^{3}He + e^{-} + \nu_e,$$

使得氚(^{3}H 或 T)在地球上基本不存在,因此必须通过其他方式进行增殖,其中 ν_e 为电子中微子. 已提出的反应有

$$^{6}Li + n \longrightarrow T + {}^{4}He + 4.7\,MeV,$$
$$^{7}Li + n \longrightarrow T + {}^{4}He + n - 2.6\,MeV,$$

或

$$^{10}B + n \longrightarrow T + 2{}^{4}He + 0.367\,MeV,$$

$$^{10}\mathrm{B} + \mathrm{n} \longrightarrow {}^{7}\mathrm{Li} + {}^{4}\mathrm{He} + 2.9\,\mathrm{MeV},$$

同时以上反应还需要对中子进行倍增,比如采用铍

$$^{9}\mathrm{Be} + \mathrm{n} \longrightarrow 2{}^{4}\mathrm{He} + 2\mathrm{n} - 1.9\,\mathrm{MeV}.$$

目前原始的氚则主要从裂变堆中产生,采用中子与重水反应,核反应关系为

$$\mathrm{n} + \mathrm{D} \longrightarrow \mathrm{T} + \gamma.$$

目前全球氚年产量为几千克到几十千克. 氚能否在聚变堆中实现增殖,目前尚无法确定. 如果采用锂作为增殖原料,则由于地球上可供开采的锂储量有限,只够使用约千年,此时氘–氚聚变能源相对于裂变能源的优势并不明显. 其次,除了氚本身有一定放射性外,氘–氚聚变的另一个严重缺点是产物中高能中子对第一壁结构的损伤. 目前的材料尚无法确保在可承受聚变堆条件下的中子轰击.

这使得尽管氘–氚聚变能源在科学上最容易实现,但在材料、工程和商业化上存在很大难度. 目前还不确定的是克服氘–氚聚变在工程和商业化上的挑战容易,还是通过氘–氚之外的聚变燃料实现聚变能源更容易.

2.2.2 氘–氦

氘–氦(D-$^{3}\mathrm{He}$)是反应条件仅次于氘–氚的聚变燃料,其优点还在于产物无中子,因此被认为是先进燃料. 这一组合的最主要缺点是,$^{3}\mathrm{He}$ 在地球上的储量有限,价格昂贵. 同时,其次级反应依然有中子. 因此,即使解决了科学可行性问题,氘–氦聚变也还将面临原料成本和工程的限制. 除了通过其他核反应对 $^{3}\mathrm{He}$ 增殖的办法外,基于航天技术的发展,有可能在月球上开采 $^{3}\mathrm{He}$,但目前其可开采量及成本还缺乏可靠的评估.

氘–氦反应有可能作为其他聚变的催化反应,比如通过在氘原料中加入少量的 $^{3}\mathrm{He}$,发生反应把聚变温度加到满足氘–氘聚变所需条件,从而维持氘–氘聚变反应堆,这使得只需少量 $^{3}\mathrm{He}$ 原料即可维持反应.

2.2.3 氘–氘

氘–氘（D-D）聚变的最大优点在于原料丰富，且反应截面相对较大. 氘（^{2}H 或 D）在天然氢中的含量为 0.0139% ~ 0.0156%，海水中氘含量为 30 mg/L，原料丰富，且提取价格低廉. 氘–氘燃料的主要缺点是聚变反应条件比氘–氚高两个数量级（后续从劳森图可看出）以及依然存在中子对壁材料的损伤（尽管其相对于氘–氚聚变的中子能量要低很多）.

注意到氘–氘反应的产物中有氚和 ^{3}He，其次级反应的反应率比氘–氘反应率高，因而可以很快发生进一步的反应产生更多能量. 我们称为催化（Catalyzed）的氘–氘反应. 其总反应率受氘–氘反应率限制，但释放的能量，包含初级和次级，理想情况变为

$$6\mathrm{D} \longrightarrow 2\mathrm{n} + 2\mathrm{p} + 2^4\mathrm{He} + 43.25\,\mathrm{MeV}, \tag{2.7}$$

其中，假定中间过程生成的 T 和 ^{3}He 是慢化把能量传给主等离子体后再发生聚变反应释放能量，则分配到带电产物的能量约为

$$43.25 - 2.45 - 14.07 = 26.73\,(\mathrm{MeV}),$$

占总能量的 62%. 根据上述数据，平均 1 个氘核释放的总能量为

$$\frac{3.27 + 17.59 + 4.04 + 18.35}{6} = 7.21\,(\mathrm{MeV}),$$

也即 1 g 氘可释放能量 3.45×10^{11} J，相当于 83 吨 TNT 爆炸产生的能量，或 9.6×10^4 度电. 这比初级反应的

$$\frac{3.27}{2} = 1.64\,(\mathrm{MeV})$$

及

$$\frac{4.04}{2} = 2.02\,(\mathrm{MeV})$$

要高 3~5 倍. 通过次级反应可使得氘氘聚变的反应条件明显降低. 若再进一步，产物中的中子还可以与锂反应，释放更多能量.

以此计算，通过氘–氘及次级反应聚变，1 L 海水中包含的氘可释放出相当于 300 L 汽油（能量 47 MJ/kg，密度 0.71 kg/L）燃烧释放的能量. 如果这些氘放出的聚变能可以被全部利用，那么按照人类当前的能源消耗速度，可供人类使用近百亿年. 按原料成本每克 2 美元算，每度电的原料价格只有 0.002 美分或约人民币 0.015 分，极其低廉，在总发电成本中可忽略.

2.2.4 氢–硼

地球上,硼的自然丰度为 80%的 ^{11}B 和 20%的 ^{10}B;硼的地壳丰度为 9.0×10^{-4},海水中含硼量为 4.8×10^{-6},已发现 150 多种硼矿,世界硼酸盐储量为 335~748 Mt. 氢–硼聚变是满足聚变燃料丰富、反应产物无中子的条件中聚变反应截面最大的. 因此,氢–硼聚变能源就已经满足人类的需求了, 在实现前无须另外研究反应截面更低的聚变反应. 然而,氢–硼聚变的缺点也很明显,其聚变条件远比氘–氚聚变严苛,在不考虑辐射的情况下也比氘–氚聚变高近 3 个数量级. 如果考虑辐射,甚至被认为是不可能实现可控聚变能源的.

氢–硼(p-^{11}B)反应并非完全无中子,其有两个主要的副反应:

$$\mathrm{p}+^{11}\mathrm{B}\longrightarrow\gamma+^{12}\mathrm{C},$$
$$\mathrm{p}+^{11}\mathrm{B}\longrightarrow\mathrm{n}+^{11}\mathrm{C}-2.765\,\mathrm{MeV},$$

其中,后一个反应有中子,但属于小于 3 MeV 的软中子,且在我们感兴趣的温度区间的反应占比只有约 10^{-5}. 整体而言,氢–硼聚变产生的中子量极低,通常可以不考虑. 前一个反应产物中有极高能的 γ 射线(其中 97%为 12 MeV,3%为 16 MeV),但这个反应分支占比也只有 $10^{-4}\sim10^{-6}$,用一些材料就可以充分屏蔽. 由于硼元素通常处于固态,在燃料循环系统中容易滞留在器壁上,这是氢–硼聚变相对于氘–氚、氘–氘和氘–氦聚变,需要考虑的一个缺点.

另外,对于氢–锂反应:

$$\mathrm{p}+^{6}\mathrm{Li}\longrightarrow\alpha+^{3}\mathrm{He}+4.02\,\mathrm{MeV},$$

尽管总反应截面不如氢–硼,但在低能段 100 keV 附近也是可观的,高于氢–硼的反应截面;并且锂的原子序数为 3,比硼的序数 5 低,辐射相对弱. 但是锂的存量远不如 ^{11}B 丰富,且地球上天然锂中 ^{7}Li 占 96.25%,^{6}Li 只占 3.75%,陆地上的锂只够人类消耗 1 千年(海水中含有一定比例的锂,如果能实现低成本开采,则估计可供使用几十万年),且电子产品中锂需求量大,从而氢–锂的聚变堆不明显优于裂变堆. 另外氢–锂聚变的副反应产物 ^{3}He 会与 ^{6}Li 反应以一定的概率产生中子. 类似地,在氘–氚聚变中,氚增殖也需 ^{6}Li,由于受地面上可开采的 ^{6}Li 资源限制,使得氘–氚聚变最多只能作为第一代聚变能源堆的燃料.

鉴于氚增殖、中子的处理、^{3}He 原料的稀缺,我们将优先考虑是否有希望实现氢–硼聚变[①]或者实现有多大的难度，然后再考虑氘–氦、氘–氘，最后再考虑氘–氚. 这是因为已经基本验证了氘–氚聚变的科学可行性，其主要困难在于工程可行性和商业化成本，包括聚变堆的大小、氚增殖和中子防护的问题. 几种主要聚变核反应优缺点对比见表 2.3；一些主要聚变原料的参考储量和价格见表 2.4.

表 2.3　几种主要的聚变核反应优缺点对比

核反应	D-T	D-D	D-^{3}He	p-^{11}B
中子	有，14 MeV	有，2.45 MeV	少	极少
氚增殖	需要	无须	无须	无须
最佳聚变温度	10∼30 keV	50∼100 keV	50∼100 keV	100∼300 keV
反应率 $m^3 \cdot s^{-1}$	6.0×10^{-22}	5.0×10^{-23}	2.0×10^{-22}	4.0×10^{-22}
原料	稀缺、放射性、管制	丰富	稀缺、部分管制	丰富、便宜
直接发电	不可	不可	可	可
单次反应放能	17.59 MeV	3.27∼4.04 MeV	18.35 MeV	8.68 MeV

表 2.4　聚变原料价格和大致储量

燃料	地球储量	价格 (美元/g)	20 TW· 年所需用量	可供人类使用年数
氢	地壳丰度 1.4×10^{-3}	∼0.01	7.6×10^5 kg	无限
氘	海水中 45 万亿吨	∼2	7.2×10^6 kg	约百亿年
氚	1∼10 kg	∼100 万	1.1×10^6 kg	小于 1 天
^{3}He	易开采量约 500 kg	∼1 万	1.1×10^6 kg	小于 1 天
^{6}Li	约 100 万吨	∼1	9.8×10^6 kg	约百年
^{11}B	地壳丰度 9×10^{-6}	∼5	8.3×10^6 kg	大于百万年

注：由于储量和价格只是估计值，可能有较大偏差.

2.3　聚变三乘积要求

本节我们将看到聚变反应截面数据是怎样影响所需的聚变能量增益条件的.

① 在实际作为能源的发电过程中，还有其他因素需要考虑，比如燃料的冷凝性. 硼、锂等原子序数稍高的，容易凝聚到管道，从而需要额外的手段去解决，这些在本书中暂未列为零级因素.

在最早的劳森判据（Lawson，1955）中，基于能量平衡，考虑到聚变功率、约束、辐射及发电效率，计算了氘–氚聚变所需的温度、密度和约束时间. 后来，温度、密度和约束时间三乘积就成了聚变的科学可行性度量标准.

本节我们先给出最简单的三乘积要求，在本书的后续章节（尤其第 3 章）再细致讨论劳森判据及包含更多因素的情况. 在稳态自持的情况下，假定所有聚变产出的带电离子都用来加热燃料，而所有的辐射、输运等损失及这些损失对燃料的再加热均由能量约束时间 τ_E 度量，从而得到

$$\frac{E_{th}}{\tau_E} = f_{ion} P_{fus}, \tag{2.8}$$

其中，单位体积内能 E_{th} 和聚变功率 P_{fus} 分别为

$$E_{th} = \frac{3}{2} k_B \sum_j n_j T_j, \tag{2.9}$$

$$P_{fus} = \frac{1}{1+\delta_{12}} n_1 n_2 \langle \sigma v \rangle Y. \tag{2.10}$$

其中，Y 为单次核反应释放的能量；f_{ion} 是释放的能量中带电离子所占的比例，即 $Y_+ = f_{ion} Y$；n_1 和 n_2 分别为两种离子的数密度；T_j 为各组分（含电子、离子）的温度；当两种离子不同时 $\delta_{12} = 0$，相同时 $\delta_{12} = 1$. 以上给出聚变发电的最低参数要求，聚变反应率我们采用附录中麦氏分布时的数据：

$$\langle \sigma v \rangle = \langle \sigma v \rangle_M. \tag{2.11}$$

考虑到电子、离子温度均相同时，$T_e = T_1 = T_2 = T$，可得

$$n_e \tau_E = \frac{3}{2} k_B Z_i (1+Z_i)(1+\delta_{12}) \frac{T}{\langle \sigma v \rangle Y_+}. \tag{2.12}$$

其中，注意有 $n_i = n_1 + n_2$ 及准中性条件 $n_e = Z_1 n_1 + Z_2 n_2 = Z_i n_i$. 以此计算得到的最小的 $n_e \tau_E$ 及对应的 T_i 称为“点火”条件.

离子密度比值的取法不同对结果会有一定的影响. 优化密度比值使得 $n_e \tau_E$ 取最小值，相应的结果见图 2.6和表 2.5. 我们可看出氘–氚聚变三乘积 $n_e \tau_E T_i$ 条件最低，约 $2.8 \times 10^{21}\ m^{-3} \cdot s \cdot keV$；氘–氦和催化的氘–氘次之，然后是氘–氘，再次是氢–硼. 这里及后文，如无特别说明，则氢–硼反应截面采用的是 Sikora (2016) 的数据. 根据这些数据，我们可以认为相较于氘–氚聚变，氘–氦聚变难 18 倍，氘–氘聚变难 69 倍，催化的氘–氘难 13 倍，氢–硼聚变难 230~280 倍.

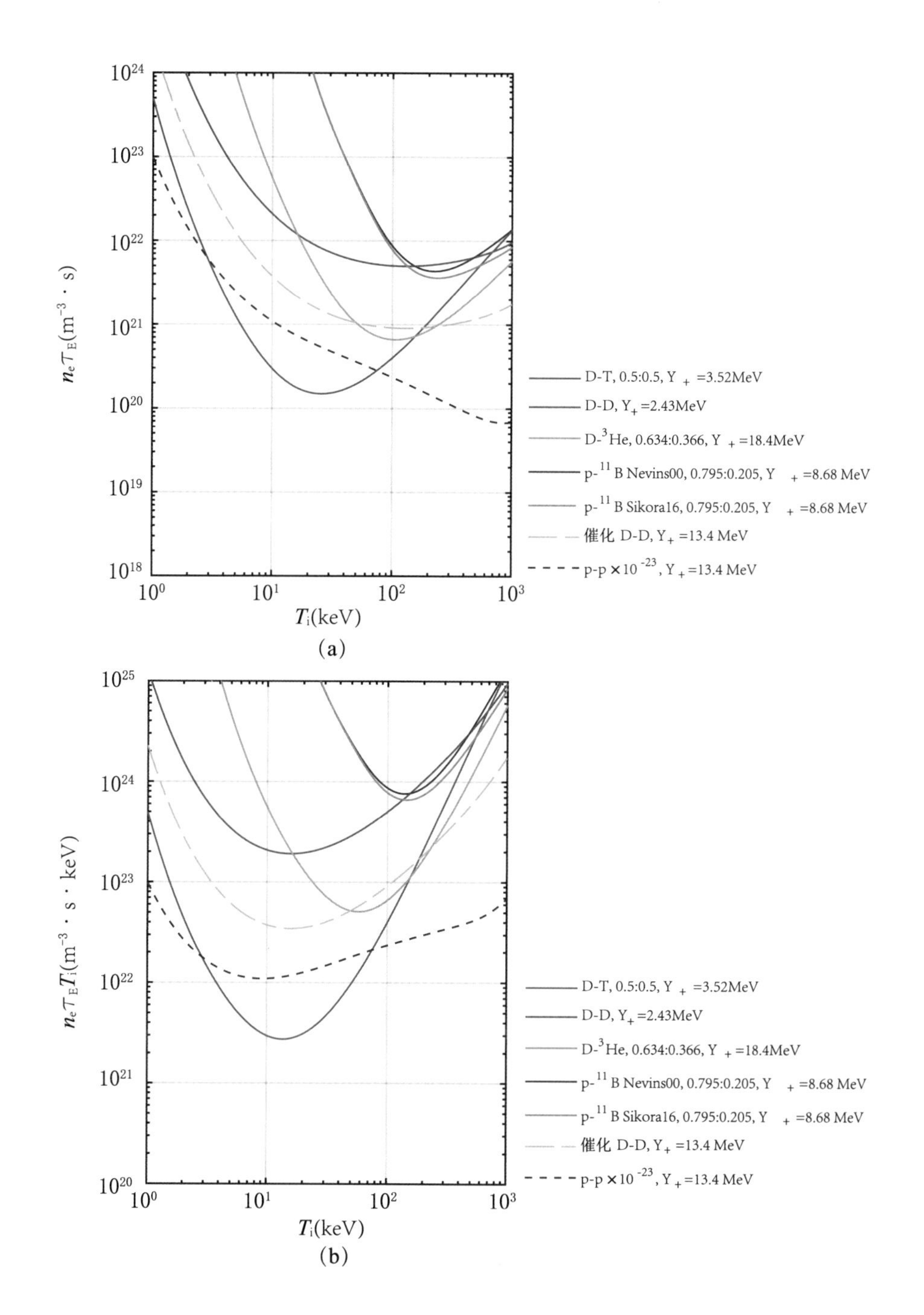

图 2.6　劳森聚变三乘积最低要求

(此处 τ_E 为度量所有的辐射、输运等损失及这些损失对燃料的再加热的综合效应的能量约束时间)

然而,实际上并非如此简单. 轫致辐射和回旋辐射,对于氘–氚聚变所需要的 5~15 keV

左右的温度时并不大；而对于其他燃料所需的 40~300 keV 温度则急剧增加，再加上燃料本身的反应截面低，辐射损失能量与聚变释放能量的比例大增，也即对于不同燃料维持同样的 τ_E 的难度并不相同. 后续更完整的计算，将进一步展示非氘–氚聚变所需的更准确的条件，在那里能量约束时间 τ_E 将有所改变，譬如辐射损失将不由 τ_E 度量而单独列出.

表 2.5　几种聚变反应的劳森点火判据最低三乘积 $n_e\tau_E T_i$ 要求

聚变反应 （单位）	n_1/n_i	Y_+ MeV	Y MeV	T_i keV	$n_e\tau_E T_i$ $m^{-3}\cdot s\cdot keV$	$n_e\tau_E$ $m^{-3}\cdot s$	难度系数
D-T	0.5	3.52	17.6	13.6	2.8×10^{21}	2.0×10^{20}	1
D-D	1.0	2.43	3.66	15.8	1.9×10^{23}	1.2×10^{22}	69
D-^{3}He	0.634	18.4	18.4	57.7	5.1×10^{22}	8.8×10^{20}	18
p-^{11}B Nevins00	0.795	8.68	8.68	138	7.6×10^{23}	5.5×10^{21}	275
p-^{11}B Sikora16	0.795	8.68	8.68	144	6.6×10^{23}	4.6×10^{21}	239
催化 D-D	1.0	13.4	21.6	15.8	3.5×10^{22}	2.2×10^{21}	13
p-p 循环	1.0	13.4	13.4	9.2	1.1×10^{45}	1.2×10^{44}	3.9×10^{23}

用上述判据，可以很好解释恒星为什么可以稳态释放能量. 对于 1 keV 的太阳中心温度，p-p 反应率约为 $10^{-48}\,m^3\cdot s^{-1}$，得出所需 $n_e\tau_E\approx10^{46}\,m^{-3}\cdot s$，太阳中心区密度 $n_e\approx10^{32}\,m^{-3}$，从而所需能量约束时间为 $\tau_E\approx10^{14}\,s\sim300$ 万年. 也即，要利用 p-p 这种反应截面极低的核聚变释放能量，需要对辐射和内能约束数百万年以上. 这在地球上实现的可能性显然是微乎其微的.

由于氘–氘、氘–氦、氢–硼聚变所需条件比氘–氚高，需要更先进的技术，因此它们也被称为“先进燃料”(advanced fuel).

2.4　可能的发电方式

聚变产物是什么决定了我们将采取何种发电形式. 如果产物有中子（氘–氚、氘–氘），则需采用类似裂变堆的方式，如图 2.7 所示；而如果产物中只有带电粒子（氘–氦、氢–硼），则除了以热交换的方式发电（目前能做到的转换效率为 30%~40%）外，还有可能能进行直接发电（转换效率有望超过 80%），如图 2.8 所示. 然而需要注意的是，中子可以穿过第一壁在包层中沉积，从而减轻第一壁的热负荷；而带电粒子则会全部打到第一壁上，使其承受的热负载更大，从热负荷角度而言，无中子聚变不一定比有中子产生的聚变更容易.

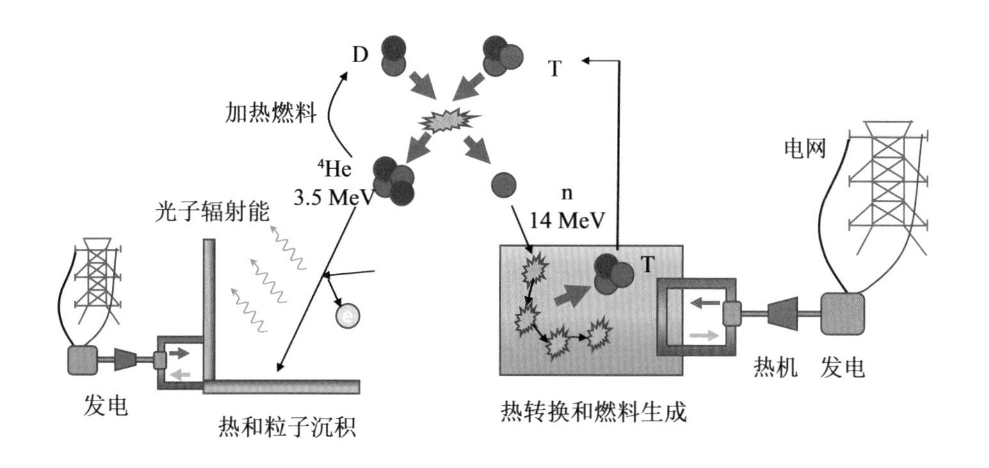

图 2.7 第一种聚变发电方式 (氘–氚聚变)

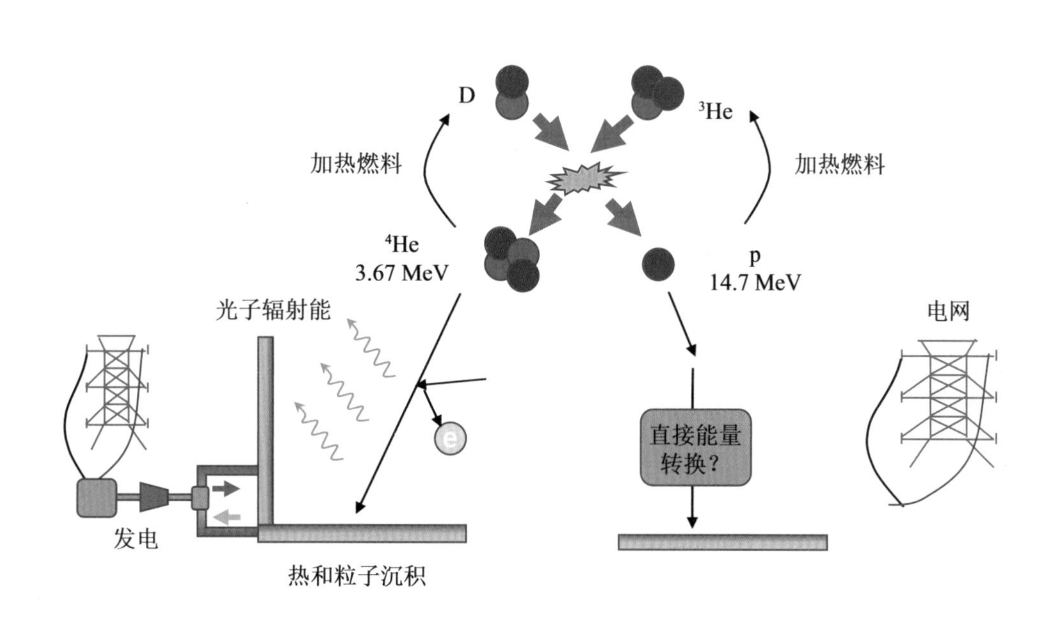

图 2.8 第二种聚变发电方式 (先进燃料：氘–氦、氢–硼)

同时，聚变堆中大量能量以辐射形式放出，如何利用其发电或者回收再利用是值得考虑的问题. 由于韧致辐射的频谱分布非常宽，通常依然只能采用热转换的方式进行利用；而回旋辐射由于频率较单一且波长通常处于材料可反射的区间，因而除了可通过极高的壁反射率（比如大于 90%）来减小损失外，可能还有其他利用方式.

2.5 提高聚变反应率可能的方向

从前述反应截面及聚变三乘积的分析，我们可看出聚变能源实现的困难的关键在于聚变反应率 $\langle\sigma v\rangle$ 过低. 如果聚变反应率能提高 100 倍，或者在低能区能有较高的反应截面 $\sigma(E)$，那么聚变能源也许会像裂变能源一样早已实现.

2.5.1 一些基本思路

由于聚变反应率是反应截面的积分，因此最自然的想法是通过非热化的分布函数，比如束流分布或者高能离子尾峰分布，尽可能地利用共振峰来提高反应率. 另外有一定可行性的是 μ 子催化、自旋极化等. 这些方法，在优化情况下可能实现百分之几十，甚至得到 1~2 倍的提升，但目前尚未找到可行的数量级层次的提升方法. 比如自旋极化，在热化等离子体中也很容易快速退极化，从而对聚变产率的改善很小.

负 μ 介子质量约为电子质量的 212 倍，其与原子核结合成电中性的距离也比电子近同样比例，这使得两个原子核要克服的库仑势垒降低，从而聚变反应截面增大. 但 μ 介子寿命短，仅为 $2\times10^{-6}\,\mathrm{s}$，在生存的时间内只能催化几个聚变反应，释放的总能量相比产生 μ 介子的能量还低. 因而作为能源，目前还无实用性.

一些未能确认的方向包括：反常增益（氢–硼雪崩）、冷聚变（低能核反应）等. 在大于 $10^{28}\,\mathrm{m}^{-3}$ 的高密度等离子体状态中，反应率也可能明显提升.

设法提高聚变反应率依然是当前国际上探索的重要方向. 如果找到能大幅提升聚变反应率的方法，将极大降低实现聚变能源的难度.

2.5.2 非麦氏分布的反应率

本节我们基于束流分布对非热化分布的反应率进行简单探讨.

聚变反应率(reactivity)公式如下:

$$\langle \sigma v\rangle = \iint \mathrm{d}\boldsymbol{v}_1 \mathrm{d}\boldsymbol{v}_2 \sigma(|\boldsymbol{v}_1-\boldsymbol{v}_2|)|\boldsymbol{v}_1-\boldsymbol{v}_2| f_1(\boldsymbol{v}_1) f_2(\boldsymbol{v}_2), \tag{2.13}$$

其中,f_1,f_2 分别为两种离子的归一化分布函数,即 $\int f_{1,2}\mathrm{d}\boldsymbol{v}=1$. 对于两种离子温度不等但都是束流麦氏分布时

$$f_\mathrm{j}(v) = \left(\frac{m_\mathrm{j}}{2\pi k_B T_\mathrm{j}}\right)^{3/2} \exp\left[-\frac{m_\mathrm{j}(\boldsymbol{v}-\boldsymbol{v}_\mathrm{dj})^2}{2k_\mathrm{B}T_\mathrm{j}}\right], \tag{2.14}$$

进行变量变换,积分可得(Xie,2023):

$$\begin{aligned}\langle \sigma v\rangle_\mathrm{DM} &= \frac{2}{\sqrt{\pi} v_\mathrm{tr} v_\mathrm{d0}} \int_0^\infty \sigma(v) v^2 \exp\left(-\frac{v^2+v_\mathrm{d0}^2}{v_\mathrm{tr}^2}\right) \sinh\left(2\frac{v v_\mathrm{d0}}{v_\mathrm{tr}^2}\right) \mathrm{d}v \\ &= \sqrt{\frac{2}{\pi m_\mathrm{r} k_\mathrm{B}^2 T_\mathrm{r} T_\mathrm{d}}} \int_0^\infty \sigma(E)\sqrt{E} \exp\left(-\frac{E+E_\mathrm{d}}{k_\mathrm{B}T_\mathrm{r}}\right) \sinh\left(\frac{2\sqrt{EE_\mathrm{d}}}{k_\mathrm{B}T_\mathrm{r}}\right) \mathrm{d}E,\end{aligned} \tag{2.15}$$

其中,$\sinh(x) = (\mathrm{e}^x - \mathrm{e}^{-x})/2$,有效质量、有效温度、有效热速度、相对漂移速度和相对漂移能量为

$$\begin{aligned} & m_\mathrm{r} = \frac{m_1 m_2}{m_1+m_2}, \quad T_\mathrm{r} = \frac{m_1 T_2 + m_2 T_1}{m_1+m_2}, \\ & v_\mathrm{tr} = \sqrt{\frac{2k_\mathrm{B}T_\mathrm{r}}{m_\mathrm{r}}}, \quad v_\mathrm{d0} = |\boldsymbol{v}_\mathrm{d2} - \boldsymbol{v}_\mathrm{d1}|, \\ & E_\mathrm{d} = k_\mathrm{B} T_\mathrm{d} = \frac{m_\mathrm{r} v_\mathrm{d0}^2}{2}. \end{aligned} \tag{2.16}$$

以上结果在退化情况下可回到附录中无束流的表达式,也可退化到 Miley (1974, 1975) 和 Morse (2018) 中 δ 束流的表达式. 图 2.9 显示了不同能量下的相对漂移速度对氢–硼聚变反应率的影响,在有效温度相同时,通常束流效应可以明显提升反应率;但从总能量相等的角度①,反应率并未明显提升,反而在低能区更低.

① 这里为了简单,横轴取为 $T_\mathrm{r} + E_\mathrm{d}$,更合理的参见 Xie (2023).

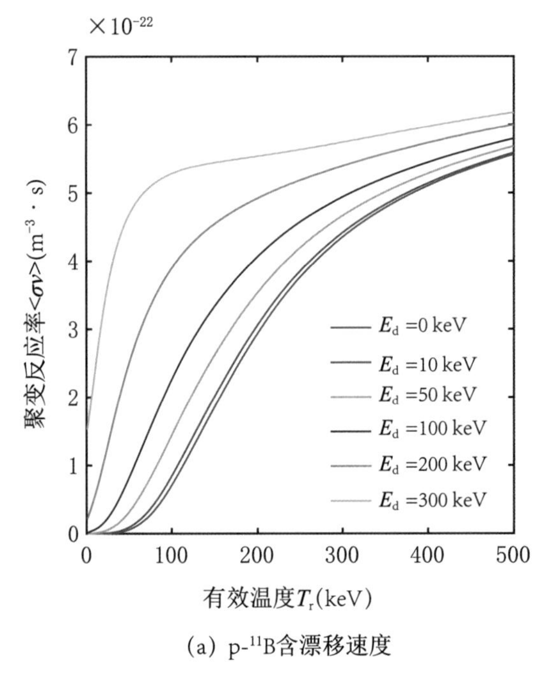

(a) p-^{11}B含漂移速度

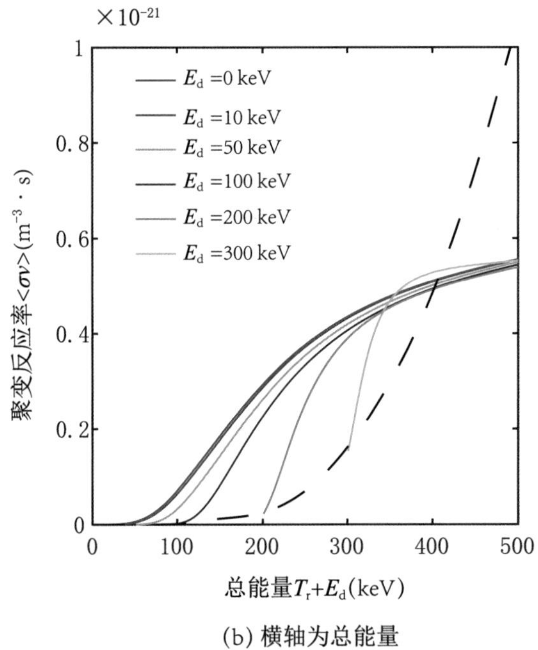

(b) 横轴为总能量

图 2.9　氢–硼相对漂移速度差对聚变反应率的影响

(其中虚线是束流打入低温 $T_r = 2$ keV 的靶等离子体时的反应率)

这也反映出，对于同样的能量，热核聚变比束流聚变更有利. 这是由于麦氏分布函数高能尾巴的加强效应，使得聚变反应率大幅提升，图 2.10 较好地展示了这种效应. 束流聚变只有在能有效利用共振峰的时候才更有利，对于氢–硼反应而言，出现在能量大于 400 keV 的区间. 图 2.11 显示了不同能量下的相对漂移速度对氘–氚聚变反应率的影响，可见在束流能量大于 40 keV 时，其反应率超过同样能量麦氏分布的，这也是当前一些托卡马克中性束加热（在聚变实验参数下通常采用 50 keV 以上的注入能量）方式的实验中可以看到有聚变产额增强的一个原因.

对于较任意的分布函数 f_1, f_2，计算反应率 $\langle\sigma v\rangle$ 通常需要进行高维速度空间的积分. Xie, (2023) 推导了束流双麦氏分布的聚变反应率的二维和一维积分形式，并计算了氘–氚、氘–氘、氘–氦和氢–硼聚变反应率的影响.

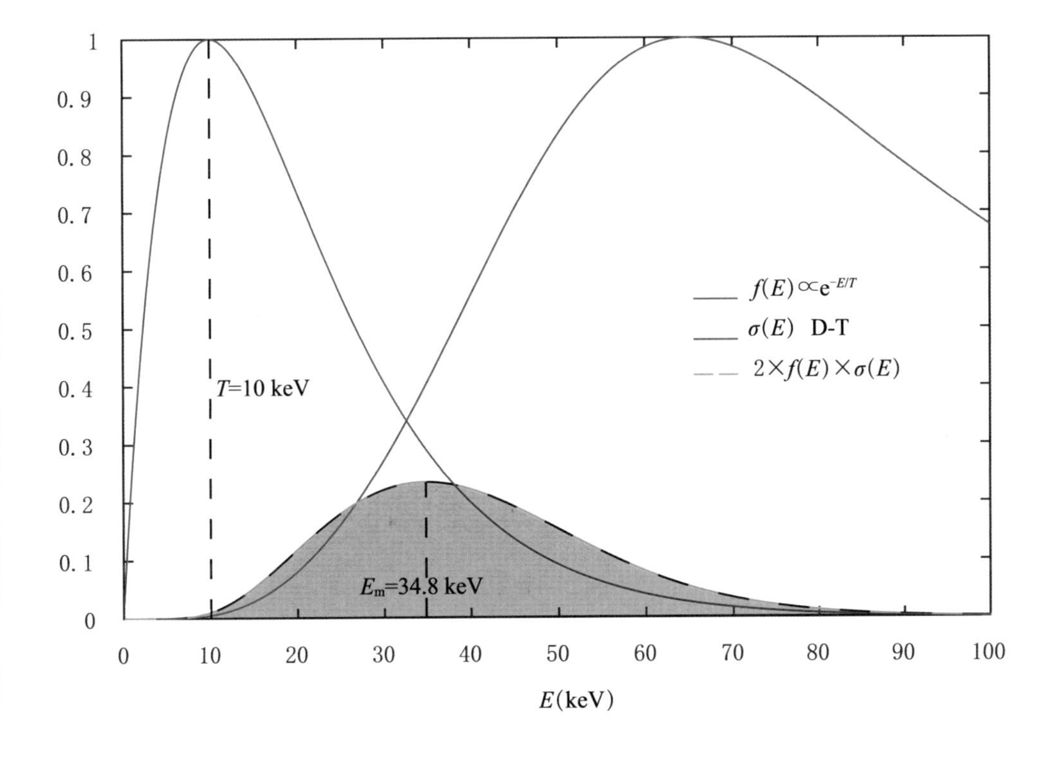

图 2.10　影响反应率的因素

(麦氏分布时，反应率的主要贡献来自分布函数的高能尾巴)

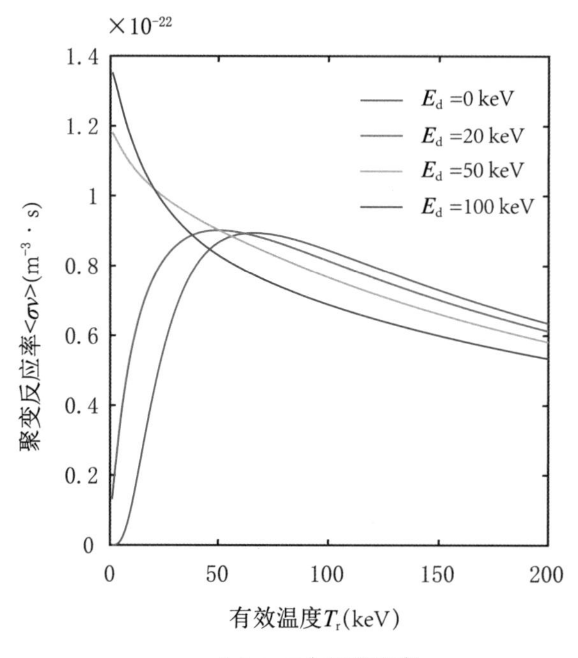

(a) D-T含漂移速度

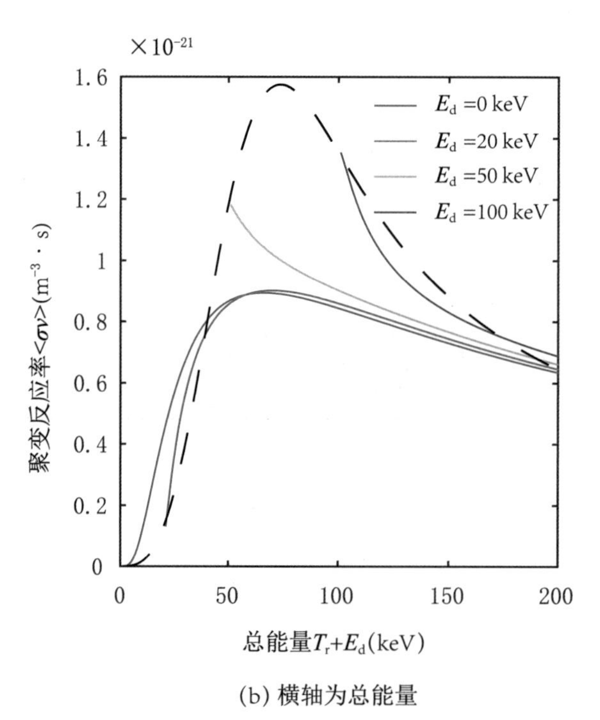

(b) 横轴为总能量

图 2.11　氘–氚相对漂移速度差对聚变反应率的影响

(虚线是束流打入低温 $T_r = 1\,\text{keV}$ 的靶等离子体时的反应率)

本章小结

由于库仑截面远大于聚变截面（其代表的物理含义在后续章节会详细介绍），使得实现聚变能源过程中必须对聚变燃料进行约束. 又由于聚变反应截面非常小，使得绝大部分聚变反应不适合作为可控聚变能源的原料，而只有少数三四种反应有可能. 而这几种聚变反应又各自存在高能中子、原料稀缺、反应条件过高等一种或多种缺点，使得获取聚变能源异常困难. 基于能量平衡角度，可以推出实现聚变增益的温度、密度和约束时间的最低条件，这些条件对于氘–氚聚变的实现目前已经可以接近，而氘–氘、氘–氦和氢–硼聚变则还存在许多的困难.

在后文考虑辐射及实际聚变堆情况时，会发现有更多需要克服的困难. 作一个简单的比喻，对于许多其他技术研发领域，其困难程度可能只是从能跳 1 m 高提升到摸到 10 m 高的树枝；而对于可控聚变能源研究，则是要从能跳 1 m 高提升到能摸到月球的 40 万千米的高度，相差 8 个数量级. 这种情况，再怎么优化跳高技术也是无法达到的，必须有全新的思路.

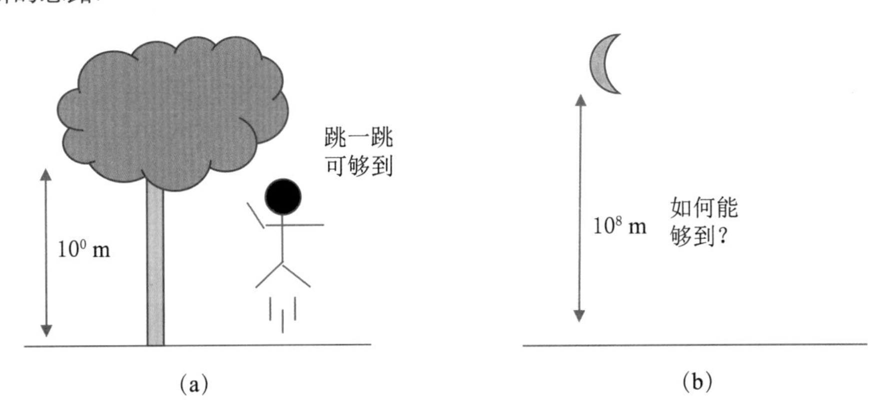

图 2.12 聚变能源研发难度示意图

(聚变能源并非是一个跳一跳就可够到的目标，因此大部分优化“跳高”技术的方法对聚变行不通)

本章我们看到聚变核反应是最主要的限制因素. 如果要突破，则需要逐一问一问，核反应截面是否可能提高？反应率能否提高并维持？可提高反应率的非热化分布能否维持？高能中子导致的材料损伤、氚增殖等问题是否可解决？有些问题，依然是国际上核物理或其他领域在探索的，有些将在后文进行探讨.

本章要点

★ 聚变能源最主要限制来自核反应截面及原料的稀缺性，适合作为聚变能源的只有 D-T、D-D、D-^{3}He 和 p-^{11}B 少数几种；

★ 如果聚变反应率能提高 100 倍，聚变能源可能早已实现；

★ 氘-氚聚变的科学可行性已可实现，作为能源的零级挑战在于氚增殖及高能中子防护；

★ 非氘-氚聚变，从科学可行性的聚变温度、密度和能量约束时间三乘积角度，比氘氚聚变难至少 10 倍.

第3章

可选参数范围及劳森判据

在前一章中,我们讨论了聚变核反应的基本情况,筛选出值得考虑的 4 种聚变反应.同时,给出了其反应截面和反应率数据,也给出了初步的聚变温度、密度与约束时间三乘积的参数要求.本章,我们将进一步发掘这些数据对聚变能源研究所代表的物理含义,并梳理出参数的可选范围,尤其对应不同假设情况下参数所代表的背后含义的细微区别.由于我们的讨论通常忽略了一些更复杂的实际因素,采用的是乐观的假设条件,因此得到的结论是必要条件,但不一定是充分条件.通过本章的计算,将为各种聚变燃料的理论可行性提供可参考的定量判据,同时为如何突破或降低这些理论条件指明一些方向.我们在后续章节中才会探讨具体的实现方案.

3.1 聚变平均自由程

对于碰撞,我们首先要熟悉其平均自由程 λ_{m} 是指平均运动了多长距离发生一次碰撞,平均碰撞时间 τ_m 是指平均多长时间发生一次碰撞,平均碰撞频率 ν_{m} 则是单位时间(每秒钟)发生碰撞次数. 这些数据均可通过碰撞截面进行计算.

同样,我们对于聚变反应,单位体积、单位时间内发生的核反应次数为

$$R_{12}=\frac{n_1n_2}{1+\delta_{12}}\langle\sigma v\rangle, \tag{3.1}$$

其中,n_1 和 n_2 为两种核的数密度,σ 为聚变反应截面,$\langle\sigma v\rangle$ 是速度平均后的聚变反应率,两种核不同时 $\delta_{12}=0$;相同时 $\delta_{12}=1$. 可定义代表粒子 1 平均每秒发生的聚变反应次数的反应频率(Dolan,1981):

$$\nu_{\mathrm{m1}}\equiv\frac{R_{12}}{n_1}=\frac{n_2}{1+\delta_{12}}\langle\sigma v\rangle \tag{3.2}$$

和发生一次聚变的平均时间:

$$\tau_{\mathrm{m1}}=\frac{1}{\nu_{\mathrm{m1}}}=(1+\delta_{12})\frac{1}{n_2\langle\sigma v\rangle} \tag{3.3}$$

以及代表发生一次聚变平均所运动的路程的平均自由程:

$$\lambda_{\mathrm{m1}}=\langle v\rangle_1\cdot\tau_{\mathrm{m1}}=(1+\delta_{12})\frac{\langle v\rangle_1}{n_2\langle\sigma v\rangle}, \tag{3.4}$$

其中

$$\langle v\rangle_1=\frac{\displaystyle\int vf_1(v)\mathrm{d}v}{\displaystyle\int f_1(v)\mathrm{d}v},$$

是粒子 1 的平均速度;对于麦氏分布

$$\langle v\rangle_1=\sqrt{\frac{8k_{\mathrm{B}}T_1}{\pi m_1}};$$

对于单能束流和静态靶,简化为

$$\lambda_{\mathrm{m1}}=\frac{1+\delta_{12}}{n_2\sigma};$$

对于粒子 2,可进行类似的定义. 通常,$\lambda_{\mathrm{m1}}\neq\lambda_{\mathrm{m2}}$,$\tau_{\mathrm{m1}}\neq\tau_{\mathrm{m2}}$,$\nu_{\mathrm{m1}}\neq\nu_{\mathrm{m2}}$.

图 3.1 显示了在靶等离子体密度 $n_2 = 10^{20}\,\mathrm{m}^{-3}$ 时聚变核反应平均自由程 λ_{m1} 和平均反应时间 τ_{m1} 随温度 T 的变化,其中假定了两种离子的温度相同 $T_{\mathrm{eff}} = T_1 = T_2 = T$. 表 3.1列出了一些典型值,图 3.1 中也同时画出了质子的库仑碰撞时间 (Wesson, 2011), 可以看到其远小于聚变反应的平均时间. 我们也注意到平均自由程和平均碰撞时间都与密度成反比关系,也即 $n_2\tau_{\mathrm{m1}}$ 和 $n_2\lambda_{\mathrm{m1}}$ 对同一温度而言是不变的,从而高密度下的平均反应(碰撞)时间小,平均聚变(碰撞)自由程短.

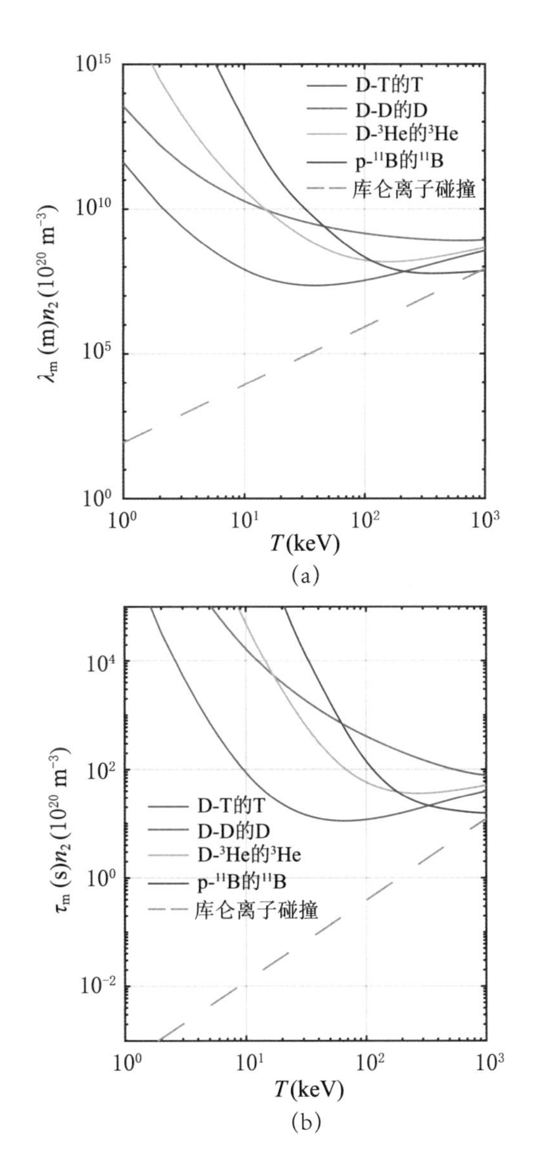

图 3.1 聚变核反应平均自由程和平均反应时间及与离子(质子)的库仑碰撞时间对比

表 3.1 典型温度参数下聚变核反应平均自由程和平均反应时间

聚变反应	$\lambda_{10\,\mathrm{keV}}$(m)	$\lambda_{100\,\mathrm{keV}}$(m)	$\lambda_{200\,\mathrm{keV}}$(m)	$\tau_{10\,\mathrm{keV}}$(s)	$\tau_{100\,\mathrm{keV}}$(s)	$\tau_{200\,\mathrm{keV}}$(s)
氘–氚(氚)	7.9×10^{7}	3.4×10^{7}	6.4×10^{7}	87	12	16
氘–氘(氘)	1.9×10^{10}	1.4×10^{9}	1.0×10^{9}	1.7×10^{4}	4.1×10^{2}	2.1×10^{2}
氘–氦(氦)	4.4×10^{10}	1.7×10^{8}	1.5×10^{8}	4.9×10^{4}	60	37
氢–硼(硼)	1.1×10^{13}	2.1×10^{8}	7.2×10^{7}	2.3×10^{7}	1.4×10^{2}	34
库仑(质子)	8.5×10^{3}	8.5×10^{5}	3.4×10^{6}	1.2×10^{-2}	3.8×10^{-1}	1.1

注:密度 $n_2=10^{20}\ \mathrm{m}^{-3}$,括号中为入射离子.

从这个角度看,前文所说的库仑散射截面大于聚变反应截面,比如大 1 000 倍,代表发生 1 次聚变反应前,已经发生了 1 000 次库仑碰撞,图 3.2 展示了这个过程. 对于冷靶等离子体,每次库仑碰撞都会使得入射离子有一定的能量损失,即入射离子的能量主要用来加热靶等离子体而非用来发生聚变. 除非本底的等离子体已经处于与入射离子能量相近或者更高的热化状态,也即通过热核方式实现聚变增益. 这从另一个角度也指出,如果通过束靶方式准确测量聚变反应截面,需要靶足够薄,即远小于平均库仑碰撞自由程. 注意,带电离子与中性原子的碰撞截面比库仑截面更大,其导致的电离截面约 10^7 b,因此平均自由程更短. 这同时也表明,壁约束是不可行的,无法实现聚变能量增益.

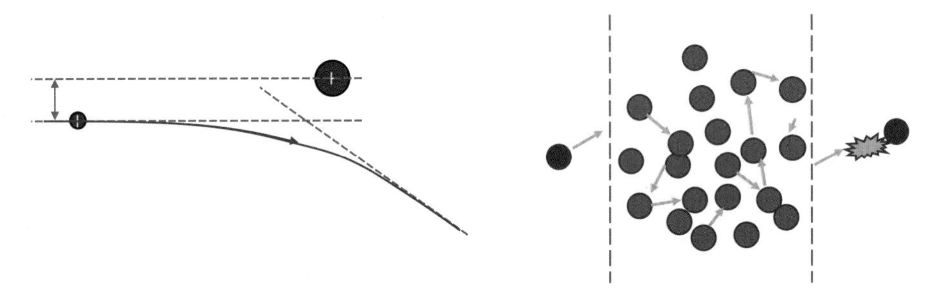

(a) 库仑散射导致轨道偏转及能量交换　(b) 许多次库仑散射后发生1次聚变

图 3.2 库仑碰撞散射示意图

(由于库仑碰撞截面远大于聚变反应截面,许多次库仑碰撞才发生 1 次聚变)

从图 3.2 还可看出,在典型的聚变温度 10~200 keV 范围内,$\tau_{\mathrm{m}}\cdot n_2$在$10^{21}\sim10^{22}\ \mathrm{s}\cdot\mathrm{m}^{-3}$ 范围内,如果实际约束参数 $n\tau_E$ 小于该值则燃料未充分燃烧,如果大于该值则反应产物在聚变堆中已经占主导. 因而以上数据有另外的物理含义:如果要求大部分离子都充分发生聚变反应,那么平均聚变碰撞时间就相当于所需的约束时间;平均聚变自由程就相当于采用束流反应时所需的系统尺寸,或者热核反应时离子已经运动了的距离. 如果约束时间小于这里的平均聚变反应时间,则代表燃料未充分发生聚变反应,燃烧率不高. 后续的劳森判据在本质上就是受这两个参数所限制,因而使得最佳的聚变温度范围较窄,且对密度和约束时间有最低要求.

3.2 聚变功率密度

聚变功率密度是指单位体积内释放的聚变功率,它与发生聚变反应的离子的密度平方成正比. 功率密度限制了密度的可选范围. 密度过高,则单位体积释放能量过大,且压强太大,不可控;或者通过表面散出的热负荷太大,壁无法承受. 因此对于聚变能源研究而言,聚变反应区要么是低密度,要么有极小的体积,否则就如氢弹那样,单次释放能量超过千吨 TNT 量级;然而另一方面,密度太低则聚变功率太低,无法满足经济性要求. 因此,聚变能源研究的等离子体密度有最佳区间.

单位体积聚变功率 $P_{\rm fus}$ 为反应次数 R_{12} 乘以单次反应释放的能量 Y,即

$$P_{\rm fus}=\frac{1}{1+\delta_{12}}n_1n_2\langle\sigma v\rangle Y. \tag{3.5}$$

假设基于经济性要求,聚变功率密度不能小于 $P_{\rm min}$,基于热负载要求不能大于 $P_{\rm max}$. 比如 $P_{\rm min}=0.1\,{\rm MW\cdot m^{-3}}$, $P_{\rm max}=100\,{\rm MW\cdot m^{-3}}$,则在同样的温度下,密度可变范围只有 $\sqrt{P_{\rm max}/P_{\rm max}}\approx 32$ 倍. 而实际上,通常有最佳的 $P_{\rm fus}$,比如 $P_{\rm fus}\approx 10\,{\rm MW\cdot m^{-3}}$,则密度就基本被限定. 同时也注意到聚变反应率对温度较为敏感,对于不同温度,最佳密度可有数量级的变化,因此根据不同的情况,选取优化的密度,比如可优化压强最低,或优化密度最低. 对于磁约束聚变,这种方式算出的最佳密度就接近于实际装置中的等离子体密度;对于惯性约束或磁惯性约束聚变,这里的密度可以认为是聚变区域被整个腔室体积平均后的密度,从而尽管聚变的靶丸区域密度极高,但腔室体积大,平均后密度不高[①].

① 在 1960 年以前的早期文献中,如 Bishop (1958)、Glasstone (1960)、Lawson (1955),根据功率密度判断,认为当密度过高时不现实. 比如 Lawson (1955) 在讨论轫致辐射透明的假设时,得出不透明的参数下聚变功率至少 $5\times10^{10}V^{1/3}\ {\rm W\cdot m^{-3}}$,从而“This is certainly greater than could be handled in a controlled reactor”. 从后来惯性约束聚变的研究历史来看,这个“不可能”并非真不可能,要化为可能只要腔体大、靶丸小即可. 这也告诉我们,需要明晰得出结论的前提条件,从而区分哪些真的是原理上的不可能,哪些只是人们观念的局限,这也正是本书希望梳理清楚的.

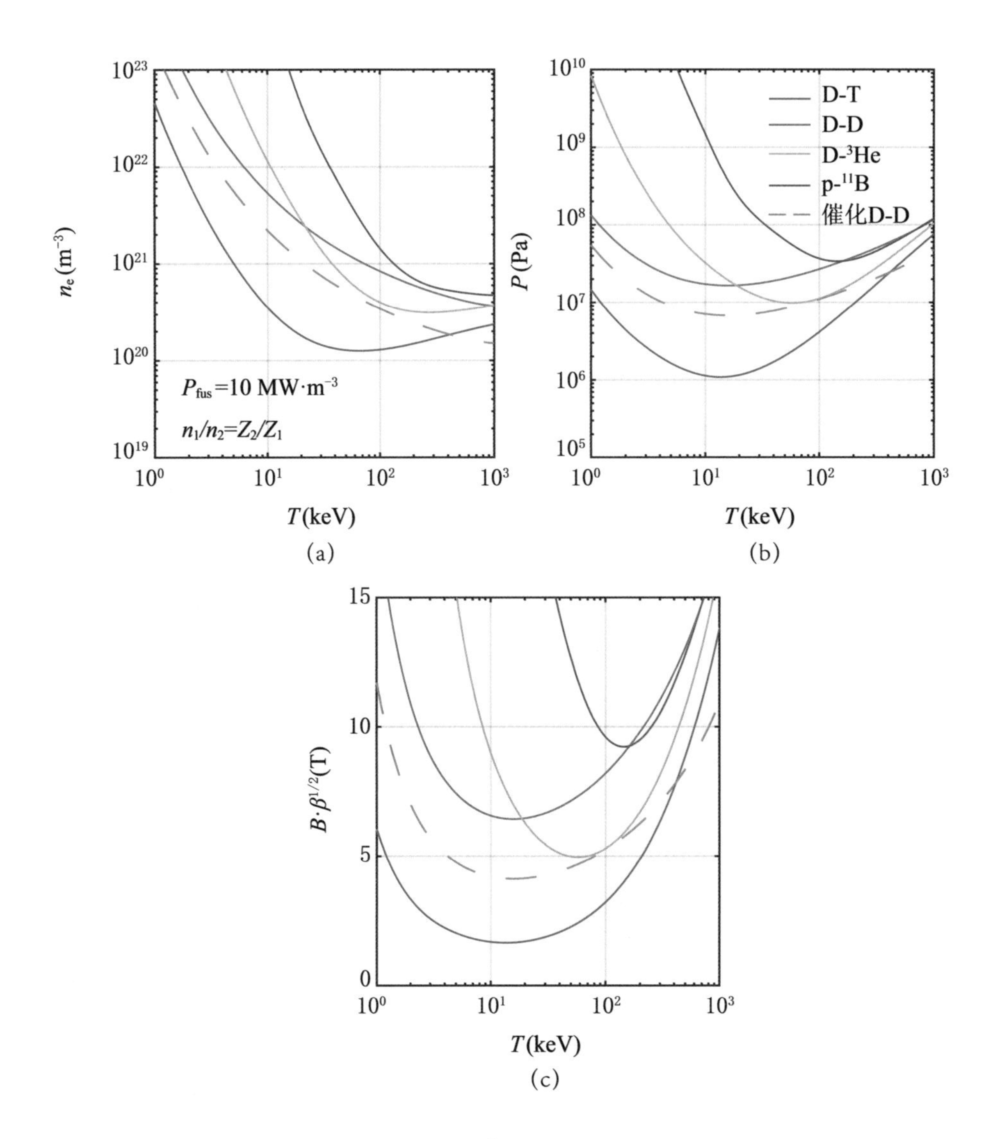

图 3.3　设定聚变功率密度为 $P_{\text{fus}} = 10\,\text{MW}\cdot\text{m}^{-3}$ 时的等离子体密度及对应的等离子体热压强和所需磁场

(所有粒子温度设为相同)

利用准中性条件，我们在电子密度 $n_{\text{e}} = Z_1n_1 + Z_2n_2$ 为定值时使聚变功率 P_{fus} 最大化，此时离子密度比为 $n_1/n_2 = Z_2/Z_1$. 图 3.3 表示出了聚变功率密度为 $P_{\text{fus}} = 10\,\text{MW}\cdot\text{m}^{-3}$ 时不同聚变反应对应的等离子体密度及相应的等离子体热压强 p. 可以看到，最佳密度范围为 10^{20}~$10^{22}\,\text{m}^{-3}$，相应的压强为 10~1 000 个大气压，其中作为对比，设定的大气压约 $10^5\,\text{Pa}$，大气密度约 $10^{25}\,\text{m}^{-3}$. 对于磁约束聚变而言，由于比压

$\beta \propto p/B^2$ 限制，使得所需的磁场 B 也有最小值，其详细讨论见后续章节. 作为定量对比，按附录的数据，1 个大气压约对应 0.5 T 的磁场，1000 个大气压约对应 15.8 T 磁场，也即，如果 $\beta = 1$，这个磁场就是约束对应的压强所需磁场. 当设定功率密度 $P_{\mathrm{fus}} = 0.1\,\mathrm{MW \cdot m^{-3}}$ 时,则上述密度只降低 10 倍,所需磁场降为 $\sqrt{10} \approx 3.16$ 倍,功率密度 $0.1\,\mathrm{MW \cdot m^{-3}}$ 代表 $1\,\mathrm{m^3}$ 的聚变堆反应区,大概可以产出供 1 000 个 100 W 的电器使用的能量,也即一个小型居民区的日常用电量.

由于聚变堆的能量只能从表面导出,也即表面材料有面能量承受极限 $P_{\mathrm{S}} = P_{\mathrm{fus}}V/S \leqslant P_{S,\mathrm{max}}$,这导致聚变堆的功率密度 P_{fus} 不能太高,或者只能采用较小的体积,使得体积与表面积比 $V/S \propto r$ 最小化. 作为对比,裂变堆的能量可以在堆内导出,其典型功率密度为 $50\sim1\,000\,\mathrm{MW \cdot m^{-3}}$. 从这个角度而言,聚变堆的尺寸通常要远大于裂变堆,这在一定程度上影响了聚变堆的经济性. 煤电的功率密度约 $0.2\,\mathrm{MW \cdot m^{-3}}$,其辅助设施无需聚变堆那么复杂. 作为定量计算,我们可假设一个球形的等离子体,设定平均表面热负载最大值 $P_{S,\mathrm{max}} = 10\,\mathrm{MW \cdot m^{-2}}$,则装置最大半径为

$$R_{\mathrm{max}} = \frac{4\pi P_{S,\mathrm{max}}}{\frac{4}{3}\pi P_{\mathrm{fus}}} = \frac{3P_{S,\mathrm{max}}}{P_{\mathrm{fus}}}. \tag{3.6}$$

当设定 $P_{\mathrm{fus}} = 10\,\mathrm{MW \cdot m^{-3}}$ 时,$R_{\mathrm{max}} = 3\,\mathrm{m}$,装置总功率 $P = 4\pi R_{\mathrm{max}}^2 P_{S,\mathrm{max}} = 1.13\,\mathrm{GW}$. 可见,装置的壁负载及经济性（尺寸不能无限大）的要求,实际上也限制了单个聚变堆的总功率范围.

3.3 理想点火条件

我们来讨论理想情况下的一些聚变条件,尤其是实现聚变点火的最低温度.

3.3.1 理想点火温度

被约束的聚变等离子体除了通过聚变反应释放能量外，还存在多种能量损失机制. 假设不考虑输运等损失，而只考虑辐射损失，且只考虑辐射中的韧致辐射（bremsstrahlung)损失,同时假设所有带电产物的能量都能沉积到等离子体上,则可以计算出所谓的"理想点火(ideal ignition)条件",它代表聚变中带电产物部分的功率大于韧致辐射功率时的温度.

弱相对论情况下韧致辐射功率为(Nevins,1998)

$$P_{\mathrm{brem}} = C_{\mathrm{B}} n_{\mathrm{e}}^2 \sqrt{k_{\mathrm{B}} T_{\mathrm{e}}} \left\{ Z_{\mathrm{eff}} \left[1 + 0.7936 \frac{k_{\mathrm{B}} T_{\mathrm{e}}}{m_{\mathrm{e}} c^2} + 1.874 \left(\frac{k_{\mathrm{B}} T_{\mathrm{e}}}{m_{\mathrm{e}} c^2} \right)^2 \right] + \frac{3}{\sqrt{2}} \cdot \frac{k_{\mathrm{B}} T_{\mathrm{e}}}{m_{\mathrm{e}} c^2} \right\} (\mathrm{W} \cdot \mathrm{m}^{-3}). \quad (3.7)$$

其中,$C_{\mathrm{B}} = 1.69 \times 10^{-38} \times (1000)^{1/2} = 5.34 \times 10^{-37}$,温度 $k_{\mathrm{B}} T_{\mathrm{e}}$ 和能量 $m_{\mathrm{e}} c^2$ 单位为 keV,密度 n_{e} 单位为 m^{-3},有效电荷数 $Z_{\mathrm{eff}} = \sum (n_{\mathrm{i}} Z_{\mathrm{i}}^2)/n_{\mathrm{e}}$,去掉 $m_{\mathrm{e}} c^2$ 相关的项就退化为非相对论的;其中最后一项来自电子–电子的韧致辐射.

由于聚变功率和韧致辐射功率均与密度平方成正比,因而其比值只与温度及两种离子的密度比相关. 当聚变的两种离子不同时,两种离子的电荷数分别为 Z_1 和 Z_2,密度比值为 $x{:}(1-x)$,则由准中性条件得到电子密度 $n_{\mathrm{e}} = Z_{\mathrm{i}} n_{\mathrm{i}}$,离子密度分别为 $n_1 = x n_{\mathrm{i}}$ 和 $n_2 = (1-x) n_{\mathrm{i}}$,平均电荷数 $Z_{\mathrm{i}} = x Z_1 + (1-x) Z_2$,有效电荷数 $Z_{\mathrm{eff}} = [x Z_1^2 + (1-x) Z_2^2]/[x Z_1 + (1-x) Z_2]$.

对于给定的电子、离子温度,在非相对论情况下要使 $P_{\mathrm{fus}}/P_{\mathrm{brem}}$ 最大,则需计算

$$\max \left\{ \frac{\dfrac{x(1-x)}{[x Z_1 + (1-x) Z_2]^2}}{Z_{\mathrm{eff}}} \right\} = \max \left\{ \frac{x(1-x)}{[x(Z_1^2 - Z_2^2) + Z_2^2][x(Z_1 - Z_2) + Z_2]} \right\}.$$

由此可得到最佳的密度比 x,对于氘–氚聚变 $x = 0.5$,$Z_{\mathrm{i}} = 1.0$,$Z_{\mathrm{eff}} = 1.0$;氘氦 $x = 0.739$,$Z_{\mathrm{i}} = 1.261$,$Z_{\mathrm{eff}} = 1.414$;氢–硼聚变 $x = 0.918$,$Z_{\mathrm{i}} = 1.328$,$Z_{\mathrm{eff}} = 2.235$.

按照上述优化的密度比值,图 3.4 画出了聚变功率(只计入带电产物的)P_{fus} 和韧致辐射功率 P_{brem} 的曲线,均通过各自的 Z_{eff} 归一化了,其中离子与电子温度取为相等 $T_{\mathrm{i}} = T_{\mathrm{e}}$;表 3.2 则给出了具体的理想点火温度 T_{i}①. 从图 3.4 中可看到,氘–氚聚变的理想点火温度最低,约 4.3 keV,且几乎不受相对论效应的影响. 对于氢–硼聚变,如果采用相对论的韧致辐射公式,不存在点火点,也即辐射损失在任何温度下均大于聚变功率. 正因为这个原因,氢–硼聚变通常被认为不可行,或者难度极大. 要满足这个条件,通常需要热离子模式,即 $T_{\mathrm{e}}/T_{\mathrm{i}} < 1$. 比如,从图 3.4 中可以看出 100 keV 电子温度时的韧致辐射是小于 200 keV 时氢–硼聚变功率的,或 $T_{\mathrm{e}}/T_{\mathrm{i}} = 1/3$ 时可明显看出氢–硼聚变功率大于韧致辐射功率. 具体的各种可能的突破方式将在后文讨论.

① 对于 D-D 的理想点火温度数据,在 Freidberg (2007) 中为 30 keV,Gross (1984) 是 48 keV,Glasstone (1960) 是 36 keV,差别可能来自对两个反应通道的输出能量处理的不同.Dawson (1981) 中是假定 T 和 ^{3}He 燃烧,得到 35 keV.

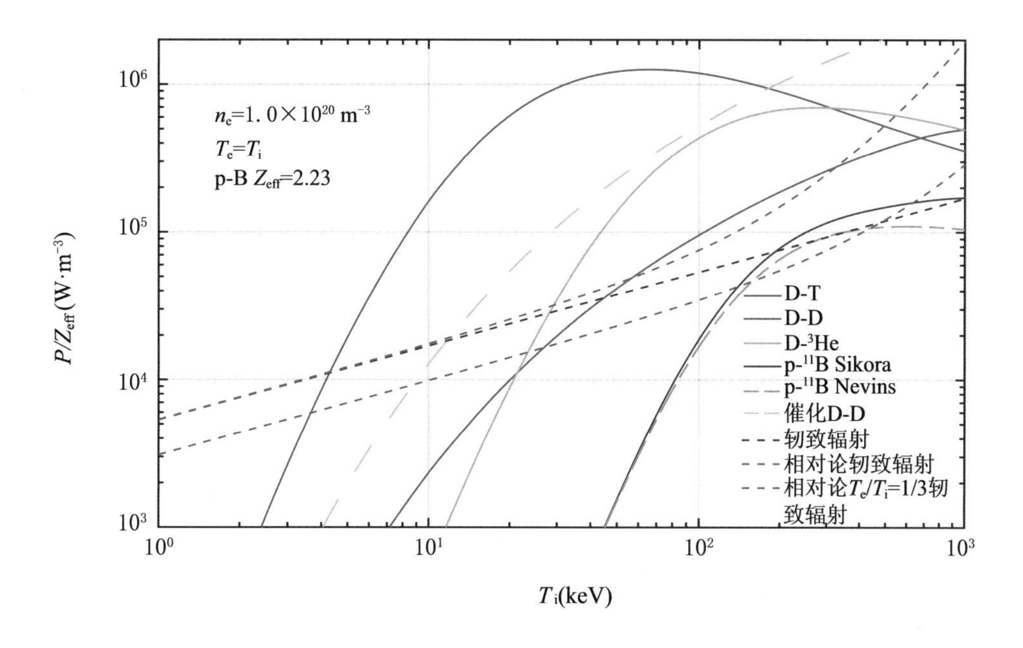

图 3.4　不同聚变反应的聚变功率 (带电产物部分) 与韧致辐射功率的对比

(两条曲线左侧的交点对应的温度为理想点火温度 T_{i},其中相对论韧致辐射的计算中用的是 p-^{11}B 反应对应的 $Z_{\mathrm{eff}}=2.23$)

表 3.2　取离子–电子温度相等时的理想点火温度 T_{i}

聚变反应	氘–氚	氘–氘	氘–氦	氢–硼 Nevins	氢–硼 Sikora	催化氘–氘
n_1/n_{i}	0.5	1.0	0.739	0.918	0.918	1.0
Y_+(MeV)	3.52	2.43	18.4	8.68	8.68	13.4
Z_{i}	1.0	1.0	1.261	1.328	1.328	1.0
Z_{eff}	1.0	1.0	1.414	2.235	2.235	1.0
非相对论 T_{i}(keV)	4.3	45	28	280	193	12
相对论 T_{i}(keV)	4.3	72	30	-	-	12

以氘–氚聚变为例,从图 3.4 中我们还可以看出,当温度过高时(大于 440 keV),韧致辐射也会超过聚变功率,从而使得等离子体冷却降温. 也即聚变最佳温度在韧致辐射与聚变功率的两个交点之间,从而可以实现动态平衡,不会出现温度持续猛升的发散现象. 这也是聚变堆被认为是天然安全的原因之一. 图 3.5 演示了这种动态平衡过程及不同温度区间的运行方式(McNally,1982).

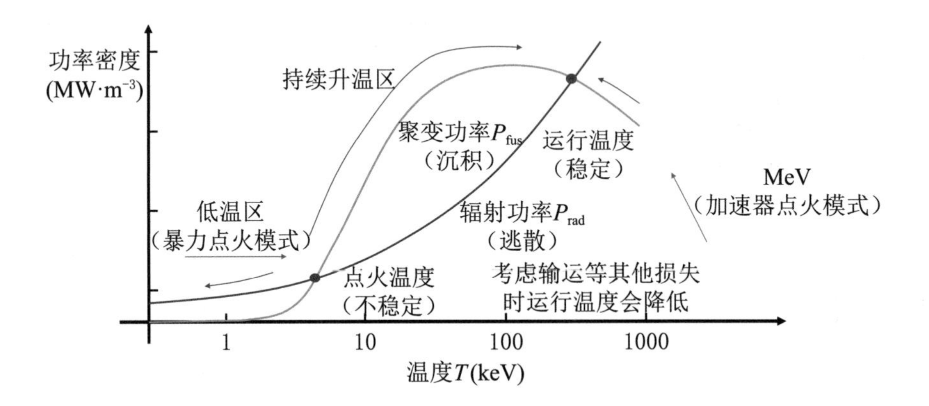

图 3.5　聚变的运行温度区间

(当温度小于辐射与聚变功率相等的第一个点时，只能依靠强外部输入功率才能维持点火；当超过第一个点时，聚变功率大于损失功率，从而温度持续上升，直到第二个平衡点；而能量再高的区间，则通常是加速器聚变方案的运行方式)

3.3.2　杂质最大容许量

前述讨论未考虑聚变产物及杂质的影响，如果考虑这些效应，则 Z_{eff} 会大于上述值，从而使理想点火条件发生较大改变. 下面我们来计算重杂质的容许量.

先来看氘–氚聚变，其反应离子 $Z_1 = Z_2 = 1$. 为了保持聚变功率不变，我们假定原始离子密度为 n_{i0}，对应的电子密度为 $n_{\text{e0}} = n_{\text{i0}}$. 此时加入 $f_{\text{imp}} = n_{\text{imp}}/n_{\text{i0}}$ 的杂质，杂质电荷数为 Z_{imp}，则

$$n_{\text{e}} = n_{\text{i0}} + f_{\text{imp}} n_{\text{i0}} Z_{\text{imp}}, \tag{3.8}$$

$$Z_{\text{eff}} = \frac{1 + f_{\text{imp}} Z_{\text{imp}}^2}{1 + f_{\text{imp}} Z_{\text{imp}}}. \tag{3.9}$$

因此非相对论轫致辐射功率的损失增大倍数为

$$g_{\text{imp}} = \frac{n_{\text{e}}^2 Z_{\text{eff}}}{n_{\text{e0}}^2} = (1 + f_{\text{imp}} Z_{\text{imp}}^2)(1 + f_{\text{imp}} Z_{\text{imp}}). \tag{3.10}$$

可以看到，辐射的倍增因子 g_{imp} 与 Z_{imp}^3 成正比. 假定含 $f_{\text{imp}} = 0.01$ 的杂质，对于氧杂质 $Z_{\text{imp}} = 8$，对应的辐射增加因子 $g_{\text{imp}} = 1.77$；对于铁杂质 $Z_{\text{imp}} = 26$，对应的辐射增加因子 $g_{\text{imp}} = 9.78$；对于钨杂质 $Z_{\text{imp}} = 74$，对应的辐射增加因子 $g_{\text{imp}} = 97.0$. 也即对于重杂质，即使是极少的含量，也将极大地增加轫致辐射功率的损失，使得聚变点火变得困

难甚至不可行. 对于氘–氚聚变,聚变功率与非相对论轫致辐射功率的最大比值约 33 倍,对应的温度约 39 keV,因此重杂质含量不宜太大. 图 3.6 展示了氘–氚聚变对不同杂质的最大容许量,可见对于重杂质比例,需要控制在 0.01 甚至 0.001 以下.

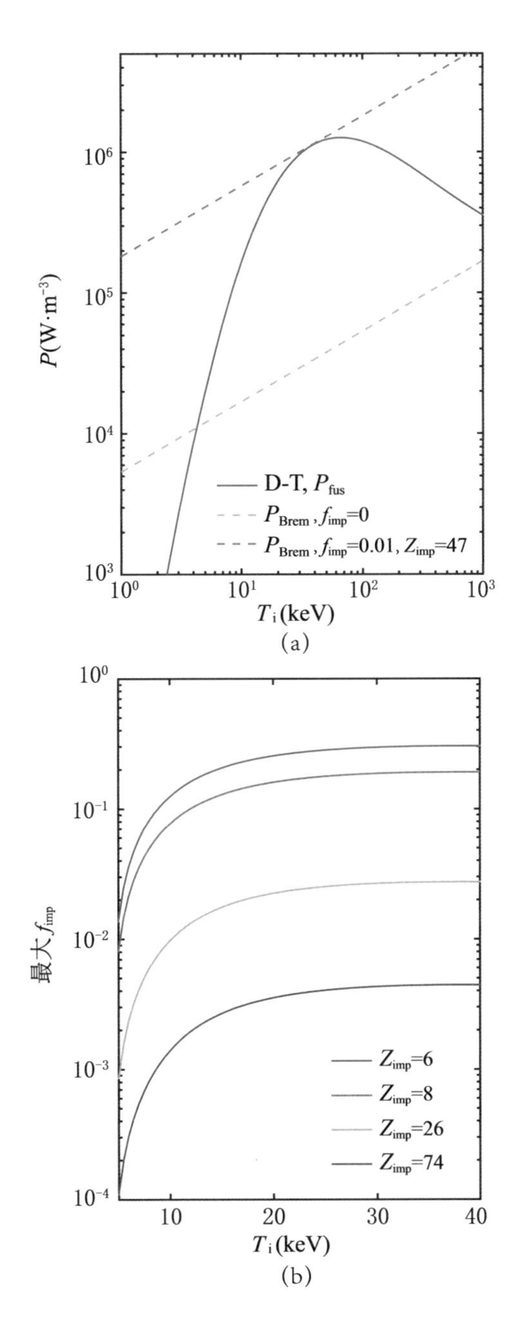

图 3.6 氘–氚聚变的杂质最大容许量

对于氘–氘、氘–氦及氢–硼聚变，杂质的容许量更苛刻. 尤其在氢–硼聚变中，氦灰的积聚将增大 Z_{eff}，进一步扩大韧致辐射与聚变功率的比值，从而更难实现点火. 这也从另一个角度体现了高 Z 聚变的难度，因其辐射损失大. 因此要避免高 Z 状态，尤其要控制杂质. 另外，高 Z 的原子即使在 10 keV 以上的高温中也可能未完全电离，从而会产生额外的辐射损失.

3.4 主要的辐射及特性

等离子体中有多种辐射损失机制：除了黑体辐射来自热平衡的辐射外，聚变等离子体的主要辐射来自带电粒子在电磁场中的加速、减速，这包括韧致辐射、回旋辐射等. 韧致辐射主要是电子与离子的库仑场相互作用的碰撞过程产生的辐射；回旋或者同步辐射则是在磁场中，带电粒子圆周运动产生的辐射. 我们这里主要讨论前 3 种，忽略线辐射、杂质辐射等其他辐射，因为它们在聚变的高温全电离等离子体中不是主导项. 关于聚变等离子体中较详细的辐射讨论，参考 Bekefi (1966).

3.4.1 黑体辐射

我们首先来考虑一种没有其他辐射只有黑体辐射的情况，即等离子体处于不透明的光学厚度状态，所有如韧致辐射等其他辐射都被吸收，只依靠热平衡的黑体辐射从表面向外发射能量.

从附录的核反应截面知识我们知道，即使温度非常低，也是有一定概率发生聚变反应的，尽管反应截面极小，这些聚变反应产出的能量仍可以加热等离子体使得温度升高，并进一步提高反应率，直到聚变反应释放的能量小于黑体辐射向外发射的能量，达到一种平衡状态.

黑体辐射功率公式为

$$P_{\mathrm{black}} = \alpha T^4 \cdot S, \tag{3.11}$$

其中

$$\alpha = \frac{2\pi^5 k_B^4}{15c^2h^3} = 5.67 \times 10^{-8}\,(\mathrm{W}\cdot\mathrm{m}^{-2}\cdot\mathrm{K}^{-4}), \tag{3.12}$$

为斯忒藩–玻尔兹曼（Stefan-Boltzmann）常数，h 为普朗克常数，T 是热温度，S 为表面积. 我们假设等离子体是一个球体，半径为 r，则表面积 $S=4\pi r^2$，体积 $V=\frac{4}{3}\pi r^3$，当聚变释放能量与黑体辐射相等时：

$$P_{\text{black}} = P_{\text{fus}}, \tag{3.13}$$

得到临界半径：

$$r_{\text{black}} = 3\alpha T^4 \frac{1+\delta_{12}}{n_1 n_2 \langle\sigma v\rangle Y}. \tag{3.14}$$

其中，由于 r 通常足够大，从而中子的能量也留在等离子体中，Y 代表单次聚变反应释放的包括带电产物及中子等不带电产物的总能量. 根据上式，可以对不同的核反应求出最小的半径 r. 当给定密度情况时，优化离子密度比 $n_1/n_2 = Z_2/Z_1$，r 的最小值由 $T^4/\langle\sigma v\rangle$ 的最小值决定. 图 3.7 给出了几种聚变反应的计算结果，可见在密度 $n_{\text{e}} = 10^{25}\,\mathrm{m}^{-3}$ 时，氘–氚聚变需要的最小半径 r_{black} 也达到 $6.2\times10^{8}\,\mathrm{m}$，氢–硼聚变则为 $1.6\times10^{14}\,\mathrm{m}$. 同时从公式也可看出，临界半径与密度的平方成反比，因此当密度达到 $10^{31}\,\mathrm{m}^{-3}$ 时，氘–氚聚变最小半径 r_{black} 为 $6.2\times10^{-4}\,\mathrm{m}$，这接近了惯性约束压缩后的靶丸尺寸. 对于催化的氘–氘聚变最小半径为 $1.5\times10^{-2}\mathrm{m}$，对于氢–硼聚变则为 $1.6\times10^{2}\,\mathrm{m}$.

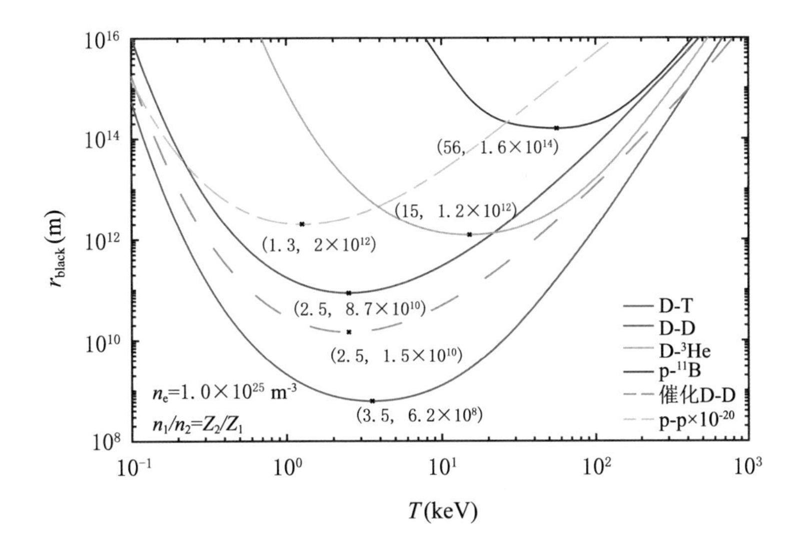

图 3.7 黑体辐射功率与聚变功率平衡时的最小等离子体半径

以上计算的 r_{black} 可认为是约束辐射所需的典型尺寸. 我们可以看到 r_{black} 通常极大. 同时,对于典型聚变温度,如 $T=10\,\text{keV}$,在实验尺度 $r<100\,\text{m}$ 的等离子体中,黑体辐射功率远大于聚变功率,因此地面上的聚变堆对于辐射而言是不处于平衡态的(电子、离子及光子达到同一温度),可认为对辐射透明,既不反射也不吸收. 这也代表此时黑体辐射的光子的热温度低于等离子体的电子、离子动力学温度. 例外情况出现在有极高密度的惯性约束时,氘–氚靶丸可能接近辐射热平衡.

对于尺寸能达到上述临界尺寸的等离子体系统,一定程度上能约束辐射,从而能自行的发生聚变反应,形成链式反应,类似裂变堆(Glasstone,1960). 从图中我们注意到 p-p 反应的数据,可看到最佳温度是 1.3 keV,这恰好是太阳中心的温度. 不过按太阳中心密度 $10^{32}\,\text{m}^{-3}$ 计算,这里的 $r_{\text{black}}=2.0\times10^{18}\,\text{m}$,远大于太阳的实际半径 $r_{\text{black}}=6.96\times10^{8}\,\text{m}$,相差 $2.9\times10^{9}(2.0\times10^{18}/6.96\times10^{8})$ 倍. 这个差别源于太阳内部密度极大、温度分布不均匀等因素,一方面黑体辐射是以太阳表面温度 6 000 K 为条件进行辐射的,另一方面聚变主要发生在半径小于(0.1~0.2r)的高温中心区域,这引起的偏差倍数约为

$$\left(\frac{1.3\times10^{3}}{\frac{0.6}{1.16}}\right)^{4}(0.1)^{3}=4.0\times10^{10},$$

跟前面的值很相近了,剩下的偏差也可理解,因为聚变中心区域温度随半径增加而下降,使得反应率也快速下降,导致聚变功率的估计值偏大. 也即,聚心聚变可以较大程度地影响临界半径 r_{black}.

基于以上分析,我们可以认为,地面的聚变堆对密度低的磁约束和以磁约束方案为基础的磁惯性约束装置来说均对韧致辐射透明,这是不可避免的能量损失项;对于密度极高的惯性约束氘–氚聚变来说,辐射不是完全透明的,可以一定程度地留在等离子体内. 同时需注意到极高密度时,聚变功率密度也极大,对应的等离子体压强也极大,因而只有在极小的区域内聚变才不至于对装置造成破坏性的损失.

还可以从另一个角度进行估算. 黑体辐射的辐射压强为 $\alpha T^{4}/c$, c 为真空光速,当 $T=10\,\text{keV}$ 时,大致为 10^{11} 倍大气压,这在恒星中可以靠引力来平衡,在惯性约束聚变中靠强的外部驱动器短暂维持.

单位表面积、单位立体角的黑体辐射强度的谱分布为

$$\frac{\mathrm{d}P_{\text{black}}}{\mathrm{d}\nu}\equiv B(\nu,T)=\frac{2\nu^{2}}{c^{2}}\cdot\frac{h\nu}{e^{h\nu/k_{\mathrm{B}}T}-1}. \tag{3.15}$$

其中,太阳表面温度 $T=6\,000\,\text{K}$,以上辐射的峰值谱在可见光范围,即 400~760 nm,这

从图 3.8 中也可看出. 基于黑体辐射公式,我们可以得到很多有用的定量信息. 比如可以估算出人体的正常辐射约为 100 W,这也代表正常新陈代谢消耗的功率.

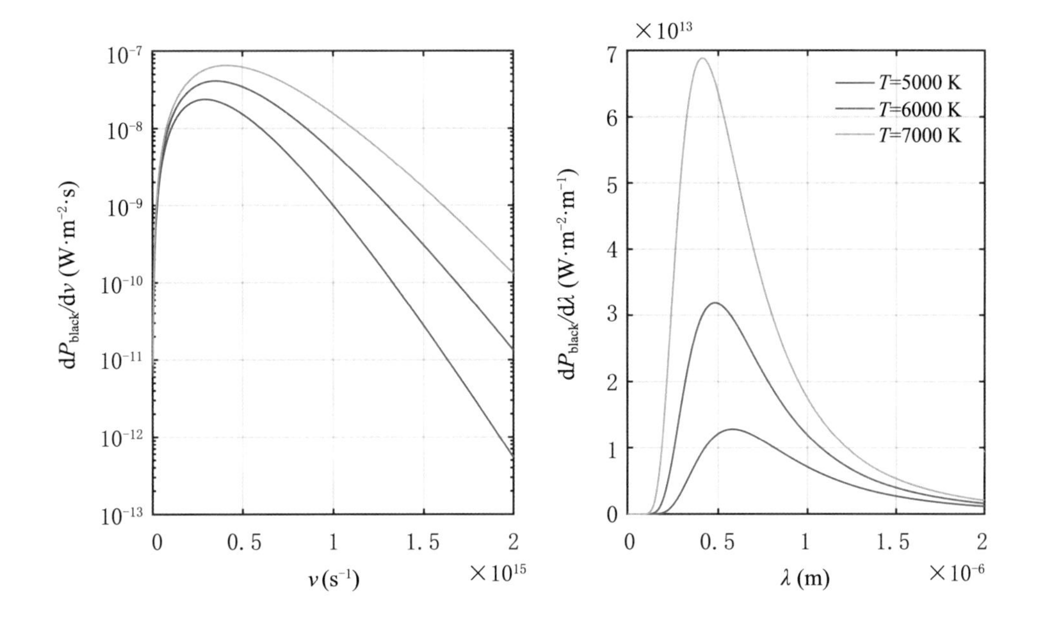

图 3.8 不同温度下的黑体辐射谱分布

3.4.2 韧致辐射

在前文我们提及韧致辐射的总功率,这里我们将讨论其频谱分布情况. 单位体积的电子与离子碰撞,碰撞前后电子都自由的(free-free),在麦氏分布的等离子体情况下,其韧致辐射功率随频率 ν 的分布为(Gross,1984;Glasstone,1960):

$$j_{\text{brem}}(\nu) \equiv \frac{\mathrm{d}P_{\text{brem}}}{\mathrm{d}\nu} = g\frac{32\pi}{3^{3/2}}\left(\frac{2\pi}{k_{\text{B}}T_{\text{e}}}\right)^{1/2}\frac{e^6}{m_{\text{e}}^{3/2}c^3(4\pi\epsilon_0)^3}n_{\text{e}}\sum(n_{\text{i}}Z_{\text{i}}^2)\mathrm{e}^{-\frac{h\nu}{k_{\text{B}}T_{\text{e}}}}, \tag{3.16}$$

随波长 λ 的分布为

$$\frac{\mathrm{d}P_{\text{brem}}}{\mathrm{d}\lambda} = g\frac{32\pi}{3^{3/2}}\left(\frac{2\pi}{k_{\text{B}}T_{\text{e}}}\right)^{1/2}\frac{e^6}{m_{\text{e}}^{3/2}c^2(4\pi\epsilon_0)^3}n_{\text{e}}\sum(n_{\text{i}}Z_{\text{i}}^2)\lambda^{-2}\mathrm{e}^{-\frac{hc}{\lambda k_{\text{B}}T_{\text{e}}}}, \tag{3.17}$$

其中,频率与波长关系 $\nu = c/\lambda$,冈特(Gaunt)因子 $g \approx 1.11$,近似为常数. 对频率 ν 积分得单位体积总韧致辐射功率为

$$P_{\text{brem}} = \int_0^\infty \frac{\mathrm{d}P_{\text{brem}}}{\mathrm{d}\nu}\mathrm{d}\nu = g\frac{32\pi}{3^{3/2}} \cdot \frac{(2\pi k_B T_e)^{1/2} e^6}{m_e^{3/2} c^3 h (4\pi\epsilon_0)^3} n_e^2 Z_{\text{eff}}, \tag{3.18}$$

或

$$P_{\text{brem}} = C_B n_e^2 (k_B T_e)^{1/2} Z_{\text{eff}} = 5.39 \times 10^{-37} n_e^2 T_e^{1/2} Z_{\text{eff}} \ (\mathrm{W \cdot m^{-3}}), \tag{3.19}$$

$$C_B = g\frac{32\pi}{3^{3/2}} \cdot \frac{(2\pi)^{1/2} e^6}{m_e^{3/2} c^3 h (4\pi\epsilon_0)^3}. \tag{3.20}$$

其中用到有效电荷数 $Z_{\text{eff}} = \sum(n_i Z_i^2)/n_e$,及 $n_e = \sum n_i Z_i$;后一个带具体数值的等式中温度 T_e 单位为 keV,密度 n_e 单位为 $\mathrm{m^{-3}}$. 以上结果与前文用的弱相对论韧致辐射公式在退化情况下是一致的,系数的微弱差别来自冈特因子的近似取值.

图 3.9 显示了不同温度下的韧致辐射谱分布, 可以看到韧致辐射是很宽的连续谱, 主要集中在跟电子温度相近的能区, 对于典型聚变温度, 主要对应软 X 射线和紫外(ultraviolet)辐射,可被材料吸收从而转化为热能,可回收利用.

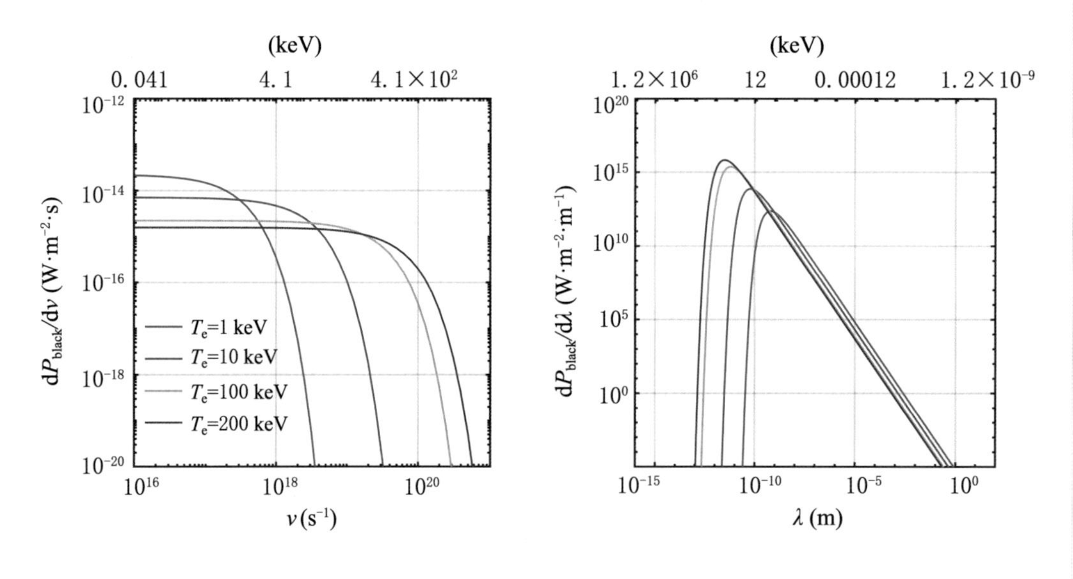

图 3.9 不同温度下的韧致辐射谱分布

幸好韧致辐射是正比于 $T^{1/2}$,而在感兴趣的能区聚变功率约正比于 $T^{5/2}$,这使得聚变增益成为可能. 以上讨论的主要是电子在离子的库仑场中的辐射. 当温度大于 50 keV 时,电子–电子的韧致辐射也将占到一定比例,从而不一定能被忽略.

在热等离子体中，根据基尔霍夫（Kirchoff）定律，光子通过逆轫致辐射的吸收系数为（Spitzer，1956；Hutchinson，2002）

$$\alpha_\nu = \frac{j_{\rm brem}(\nu)}{4\pi B(\nu)} = \frac{g\dfrac{32\pi}{3^{3/2}}\left(\dfrac{2\pi}{k_{\rm B}T_{\rm e}}\right)^{1/2}\dfrac{e^6}{m_{\rm e}^{3/2}c^3(4\pi\epsilon_0)^3}n_{\rm e}^2 Z_{\rm eff}\,{\rm e}^{-\frac{h\nu}{k_{\rm B}T_{\rm e}}}}{4\pi\dfrac{2\nu^2}{c^2}\cdot\dfrac{h\nu}{{\rm e}^{h\nu/k_{\rm B}T}-1}}$$

$$\approx g\frac{4}{3^{3/2}}\left(\frac{2\pi}{k_{\rm B}T_{\rm e}}\right)^{1/2}\frac{n_{\rm e}^2 Z_{\rm eff}e^6}{m_{\rm e}^{3/2}hc\nu^3(4\pi\epsilon_0)^3}. \tag{3.21}$$

其中，$B(\nu)$ 为黑体辐射强度，系数 4π 来自球体的立体角，在高频短波 $h\nu > k_{\rm B}T$ 时退化为瑞利–琼斯（Rayleigh-Jeans）极限形式. 由于在长波 $h\nu \ll k_{\rm B}T$ 时，$B(\nu)$ 与 ν^2 正比，使得 α_ν 随 ν 减小而增大，因此吸收对长波更重要. 但由于长波处的总能量少，我们重点估算短波近似下的吸收，平均吸收自由程为①

$$\lambda_\nu = \frac{1}{\alpha_\nu} = \frac{3}{4}\left(\frac{3k_{\rm B}T}{2\pi}\right)^{1/2}\frac{hcm_{\rm e}^{3/2}(4\pi\epsilon_0)^3\nu^3}{gn_{\rm e}^2 Z_{\rm eff}e^6} = 9.23\times10^4\frac{T_{\rm e}^{1/2}\nu^3}{Z_{\rm eff}n_{\rm e}^2}(m). \tag{3.22}$$

其中，后一个等式中的温度 $T_{\rm e}$ 的单位为 keV，密度 $n_{\rm e}$ 的单位为 $\rm m^{-3}$.

因此，对于典型的磁约束聚变参数，密度 $n_{\rm e} = 10^{20}\,\rm m^{-3}$，电荷 $Z_{\rm eff} = 1$，$T = 10\,\rm keV$，轫致辐射光子频率 $\nu = 10^{18}\,\rm s^{-1}$，得到平均吸收自由程为 $\lambda_\nu \approx 3\times10^{19}\,\rm m$，远大于地面上的聚变装置等离子体尺寸. 也即，磁约束聚变中，轫致辐射是光学透明的. 对于太阳中心参数，密度 $n_{\rm e} \approx 10^{31}\,\rm m^{-3}$，$T \approx 1.3\,\rm keV$，轫致辐射光子频率 $\nu \approx 10^{18}\,\rm s^{-1}$，得 $\lambda_\nu \approx 1\times10^{-3}\,\rm m$，非常短，因此是光学厚的. 这也是太阳能把辐射约束上百万年的关键原因. 惯性约束聚变的密度和温度参数与太阳中心处的参数处于同一量级，轫致辐射的平均自由程与压缩后的等离子体靶丸尺寸也相近，因此惯性约束聚变对轫致辐射不是完全透明的.

3.4.3 同步（回旋）辐射

在有磁场时，带电粒子会绕磁力线作回旋的圆周运动，其方向的改变对应着加速度，因而会对外发出辐射. 这种辐射称为回旋（cyclotron）辐射，或者同步（synchrotron）辐射. 这两个名称在聚变文献中一般未严格区分. 在通常文献中同步辐射指带电粒子在相

① Hutchinson (2002) p166，系数有细微差别.Glasstone (1960) 和 Gross (1984) 算出的系数是 7.0×10^5. 这些差别在同一数量级，对本文的结论无本质影响.

对论能区的回旋辐射. 同样,由于离子质量大,运动慢,因此回旋辐射也主要来自电子的辐射.

与轫致辐射不同,回旋辐射其频谱主要为回旋频率的整数倍频,其中回旋频率为

$$\nu_{\rm c}=\frac{eB}{2\pi m_{\rm e}}=2.80\times10^{10}B\quad({\rm Hz}), \tag{3.23}$$

其中,磁场 B 的单位为 T,因此在通常的磁约束装置中主要对应微波的频段. 这个频段原则上可以被等离子体吸收以及被装置壁有效反射. 我们先忽略这些吸收和反射. 对于单个电子,回旋辐射功率为

$$P_{\rm cycl}=\frac{e^4B^2}{6\pi\epsilon_0m_{\rm e}^2c^3}\cdot\left(\frac{v_\perp^2}{\dfrac{1-v^2}{c^2}}\right). \tag{3.24}$$

对于麦氏分布的电子,取平均 $\langle v_\perp^2\rangle=2k_{\rm B}T_{\rm e}/m_{\rm e}$,弱相对论情况下,单位体积的非相对论回旋辐射功率为(Dolan,1981,p68)

$$P_{\rm cycl}=\frac{e^4B^2n_{\rm e}}{3\pi\epsilon_0m_{\rm e}^2c}\left(\frac{k_{\rm B}T_{\rm e}}{m_{\rm e}c^2}\right)\left(1+\frac{3.5k_{\rm B}T_{\rm e}}{m_{\rm e}c^2}+\cdots\right) \tag{3.25}$$

$$\approx6.21\times10^{-21}B^2n_{\rm e}T_{\rm e}\left(1+\frac{T_{\rm e}}{146}\right)\quad({\rm W\cdot m^{-3}}), \tag{3.26}$$

其中,后一个等式,磁场 B 单位为 T,温度 $T_{\rm e}$ 单位为 keV,密度 $n_{\rm e}$ 单位为 $\rm m^{-3}$. 如果我们假定比压 $\beta_{\rm e}=2\mu_0n_{\rm e}k_{\rm B}T_{\rm e}/B^2$ 为定值,去掉相对论项,则

$$\begin{aligned}P_{\rm cycl}&\approx\frac{2\mu_0e^4}{3\pi\epsilon_0m_{\rm e}^3c^3\beta_{\rm e}}n_{\rm e}^2k_{\rm B}^2T_{\rm e}^2\\&=2.50\times10^{-38}\frac{n_{\rm e}^2T_{\rm e}^2}{\beta_{\rm e}}\quad({\rm W\cdot m^{-3}}),\end{aligned} \tag{3.27}$$

其中,$T_{\rm e}$ 单位为 keV,密度单位为 $\rm m^{-3}$. 从上式可看到回旋辐射正比于 $T_{\rm e}^2$,对比前文轫致辐射的表达式,得到两者的比值为

$$\begin{aligned}\frac{P_{\rm cycl}}{P_{\rm brem}}&=\frac{2.50\times10^{-38}T_{\rm e}^{3/2}}{5.39\times10^{-37}\beta_{\rm e}Z_{\rm eff}}\\&=4.64\times10^{-2}\frac{T_{\rm e}^{3/2}}{\beta_{\rm e}Z_{\rm eff}}.\end{aligned} \tag{3.28}$$

从以上可看出除了温度外,强磁场对回旋辐射也是不利因素,从这个角度我们也看出高比压 β 对降低回旋辐射有利. 对于氘–氚聚变的 5 keV 温度,回旋辐射可能不严重,但对于氢–硼等先进燃料而言,强磁场和高温度无法避免,因此回旋辐射将比轫致辐射更大. 对于先进燃料的 100 keV 参数,回旋辐射会增大近百倍,从而成为最主要的辐射损失项. 图 3.10 展示了回旋辐射、轫致辐射及氘–氚聚变的相对大小.

在 50 keV 时,94%的能量是二阶及以上的回旋频率所发出的.Rose (1961) 对回旋辐射的谱有较详细的讨论,可参考. 鉴于回旋辐射可以被吸收和有效反射,其在聚变堆情况下能否被有效限制就需要更细致的评估. 这在目前文献中尚无定论. 只算单粒子产生的回旋辐射将极为巨大,但考虑到共振腔及壁反射效应,可以弱较多. 在后文评估磁约束位形的参数区间时,我们将采用有反射时的回旋辐射公式.

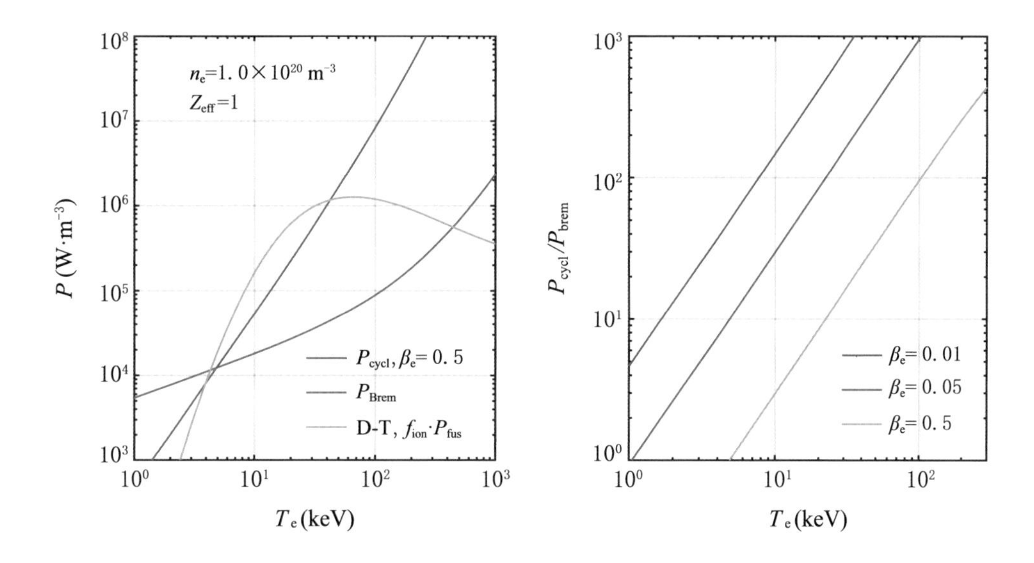

图 3.10 回旋辐射、韧致辐射及氘–氚聚变的相对大小

3.4.4 辐射小结

辐射是等离子体能量损失的主要机制之一, 连续光谱的韧致辐射是不可避免的, 除了在极高密度情况下, 都是对等离子体透明的, 也即 100% 的损失. 如果能找到减小韧致辐射的有效方法, 或者能使其在等离子体内沉积, 那么将降低点火条件. 在有磁场时, 回旋辐射将是另一个重要损失, 尤其温度高和磁场强状态时, 它将在后续讨论磁约束先进燃料聚变中成为最关键的限制因素, 因此它的反射及吸收对评估聚变能源实现的可行性或难度极为关键.

后文讨论工程聚变增益条件的劳森判据时可看到, 如果能高效利用辐射或以其发电, 则也能降低参数条件. 辐射能否被有效反射, 主要跟波长及材料中间的原子间距有关,对于 X 射线而言,波长通常已接近或小于原子间距,因而很难反射;而微波段则较容易反射,关键是反射率的大小,比如我们期望对于回旋辐射能有 95% 甚至 99% 以上的反射.

3.5 考虑辐射的劳森判据

劳森图可以更系统地展示参数要求. 在前面的章节我们展示过最简单的劳森图,在那里辐射不单独体现. 这里,我们把辐射单独计算,同时考虑电子、离子温度不相等及发电效率的情况,分析对应的劳森三参数图. 在劳森原文及后续的文献中对三乘积的判据在假设上有各种变化,不同文献可能会有不同,本节定义的是较为标准的一种. 本节的模型和结果,可以看做是本书最核心的内容.

3.5.1 聚变增益因子

依然假定所有聚变产出的带电离子都被用来加热燃料,辐射作为直接的损失项,输运损失由能量约束时间 τ_E 度量,从而得到

$$\frac{\mathrm{d}E_{\mathrm{th}}}{\mathrm{d}t} = P_{\mathrm{ext}} - \frac{E_{\mathrm{th}}}{\tau_E} + f_{\mathrm{ion}} P_{\mathrm{fus}} - P_{\mathrm{rad}}, \tag{3.29}$$

其中,单位体积内能 E_{th} 和聚变功率 P_{fus} 分别为

$$E_{\mathrm{th}} = \frac{3}{2} k_B \sum_j n_j T_j = \frac{3}{2} k_{\mathrm{B}} (n_{\mathrm{e}} T_{\mathrm{e}} + n_{\mathrm{i}} T_{\mathrm{i}}), \tag{3.30}$$

$$P_{\mathrm{fus}} = \frac{1}{1+\delta_{12}} n_1 n_2 \langle \sigma v \rangle Y. \tag{3.31}$$

以上 Y 为单次核反应释放的能量大小, Y_+ 为单次核反应产物带电离子的能量大小, $f_{\mathrm{ion}} = Y_+/Y$ 是释放的能量中带电离子所占的比例, n_1 和 n_2 分别为两种离子的体密度, T_j 为各组分(含电子、离子)的温度. 我们忽略杂质效应,假设聚变产物在把能量沉积到等离子体后很快(相较于 τ_E)被移除,同时聚变燃料反应后很快得到补充. 其中注意有 $n_{\mathrm{i}} = n_1 + n_2$ 及准中性条件: $n_{\mathrm{e}} = Z_1 n_1 + Z_2 n_2 = Z_{\mathrm{i}} n_{\mathrm{i}}$.

我们定义能量增益因子：

$$Q \equiv \frac{P_{\text{out}} - P_{\text{in}}}{P_{\text{in}}}. \tag{3.32}$$

条件 $Q = 1$ 代表科学的能量得失相当（scientific breakeven），此时聚变产出的能量与输入的能量相等；点火条件（ignition）定义为 $Q = \infty$，此时聚变堆能稳态运行而无需外加功率. 其中输出的功率为

$$P_{\text{out}} = \frac{E_{\text{th}}}{\tau_E} + (1 - f_{\text{ion}})P_{\text{fus}} + P_{\text{rad}}. \tag{3.33}$$

输入的功率为

$$P_{\text{in}} = P_{\text{ext}}. \tag{3.34}$$

稳态时

$$\mathrm{d}E_{\text{th}}/\mathrm{d}t = 0$$

得

$$P_{\text{ext}} = \frac{E_{\text{th}}}{\tau_E} - f_{\text{ion}}P_{\text{fus}} + P_{\text{rad}}, \tag{3.35}$$

从而得到

$$P_{\text{out}} - P_{\text{in}} = P_{\text{fus}},$$

即

$$Q = \frac{P_{\text{fus}}}{\dfrac{E_{\text{th}}}{\tau_E} - f_{\text{ion}}P_{\text{fus}} + P_{\text{rad}}}. \tag{3.36}$$

我们依然采用麦氏分布时的聚变反应率，即 $\langle\sigma v\rangle = \langle\sigma v\rangle_{\text{M}}$. 主要的辐射项：

$$P_{\text{rad}} = P_{\text{brem}} + P_{\text{cycl}}. \tag{3.37}$$

我们暂时忽略回旋（同步）辐射 P_{cycl}，只考虑轫致辐射 P_{brem}，且使用前文弱相对论的公式：

$$P_{\text{brem}} = C_B n_{\text{e}}^2 \sqrt{k_{\text{B}}T_{\text{e}}} Z_{\text{eff}} g_{\text{eff}} \ (\text{MW} \cdot \text{m}^{-3}), \tag{3.38}$$

$$g_{\text{eff}}(T_{\text{e}}, Z_{\text{eff}}) = 1 + 0.7936\frac{k_{\text{B}}T_{\text{e}}}{m_{\text{e}}c^2} + 1.874\left(\frac{k_{\text{B}}T_{\text{e}}}{m_{\text{e}}c^2}\right)^2 + \frac{1}{Z_{\text{eff}}} \cdot \frac{3}{\sqrt{2}}\frac{k_{\text{B}}T_{\text{e}}}{m_{\text{e}}c^2}. \tag{3.39}$$

我们假定两种离子温度相等 $T_1 = T_2 = T_{\text{i}}$，但电子温度可不同，定义 $f_{\text{T}} = T_{\text{e}}/T_{\text{i}}$，同时定义 $x_1 = x = n_1/n_{\text{i}}$ 和 $x_2 = n_2/n_{\text{i}}$. 对于同种离子，$x_2 = x_1$；对于不同离子，$x_2 = 1 - x_1$. 由 Q 的表达式，我们可得到

$$P_{\text{fus}} = \frac{Q}{(1 + Qf_{\text{ion}})}\left(\frac{E_{\text{th}}}{\tau_E} + P_{\text{brem}}\right). \tag{3.40}$$

显式写出,得到

$$\frac{1}{1+\delta_{12}} \cdot \frac{x_1 x_2}{Z_i^2}\langle\sigma v\rangle Y = \frac{Q}{1+Qf_{\text{ion}}}\left[\frac{\frac{3}{2}k_B\left(T_e+\frac{T_i}{Z_i}\right)}{n_e\tau_E}+C_B\sqrt{k_B T_e}Z_{\text{eff}}g_{\text{eff}}\right], \tag{3.41}$$

即

$$n_e\tau_E = \frac{\frac{3}{2}k_B\left(T_e+\frac{T_i}{Z_i}\right)}{\frac{\left(\frac{1}{Q}+f_{\text{ion}}\right)}{1+\delta_{12}} \cdot \frac{x_1 x_2}{Z_i^2}\langle\sigma v\rangle Y - C_B\sqrt{k_B T_e}Z_{\text{eff}}g_{\text{eff}}}. \tag{3.42}$$

去掉辐射项,并设定 $Q=\infty$ 及 $f_T=1$,就可退化到第二章的简化“点火”形式:

$$n_e\tau_E = \frac{3}{2}k_B Z_i(1+Z_i)(1+\delta_{12})\frac{T}{\langle\sigma v\rangle Y_+}. \tag{3.43}$$

3.5.2 劳森理想聚变堆

我们来考虑更实际的聚变发电过程. 作为一种理想聚变发电堆,其能量转换全过程如图 3.11 所示(Morse,2018). 其中定义了能量转换效率,从电网的能量到等离子体加热的能量效率为 η_{in},该过程既包含驱动器/加热装置本身的能量转换效率,又包含输出的能量转换到等离子体内能的加热效率;从聚变堆释放的能量到发电的效率为 η_{out},这个过程中在聚变堆的总能量为输入的能量 P_{in} 加上聚变产出的能量 P_{fus},这些能量以辐射、输运、电离等各种途径,最终都要经过边界表面向外发散,其中,有些则损失掉了. 如果采用热机发电,通常 $\eta_{\text{out}} \leqslant 40\%$,Lawson(1955) 原文取 $\eta_{\text{out}}=1/3$;如果采用带电粒子的直接发电,可能能做到 $\eta_{\text{out}} \geqslant 80\%$. 聚变堆的科学增益因子 Q 与工程增益因子 Q_{eng} 的关系为

$$Q_{\text{eng}} \equiv \frac{P_{\text{elec}}}{P_{\text{recirc}}} = (Q+1)\eta_{\text{out}}\eta_{\text{in}}. \tag{3.44}$$

也有定义工程增益因子为 (Freidberg, 2007)

$$Q_{\text{eng},2} \equiv \frac{P_{\text{grid}}}{P_{\text{recirc}}} = (Q+1)\eta_{\text{out}}\eta_{\text{in}} - 1. \tag{3.45}$$

以上两个定义无本质差别，只有物理含义上的区别，即前者在 $Q_{eng} > 1$ 时为净电增益，而后者为 $Q_{eng,2} > 0$ 时具有净电增益. 图 3.12 显示了 Q 与 Q_{eng} 随能量转换效率 $\eta = \eta_{out} \cdot \eta_{in}$ 变化的关系.

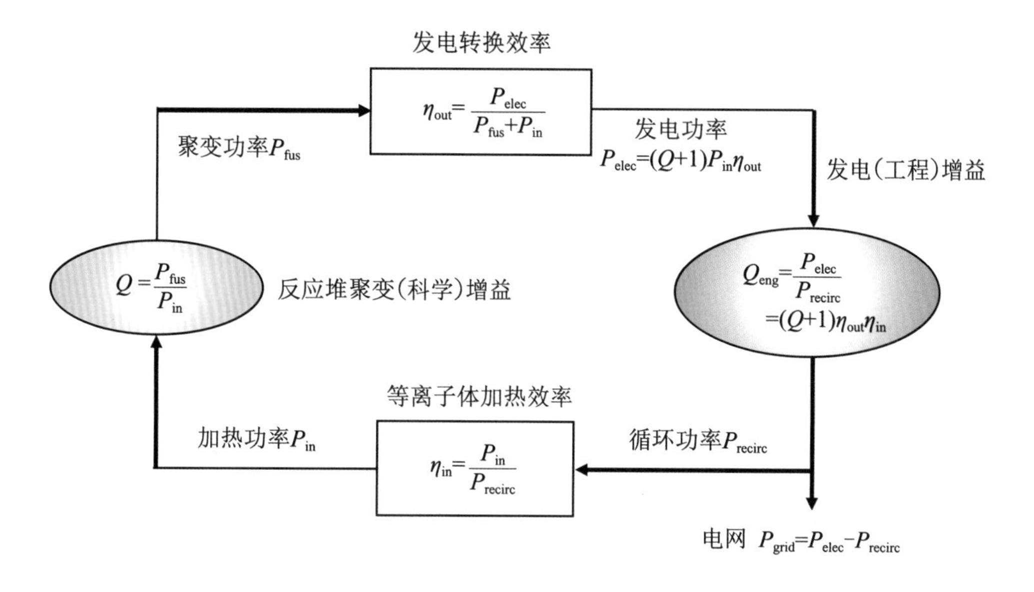

图 3.11　聚变发电堆能量转换过程图

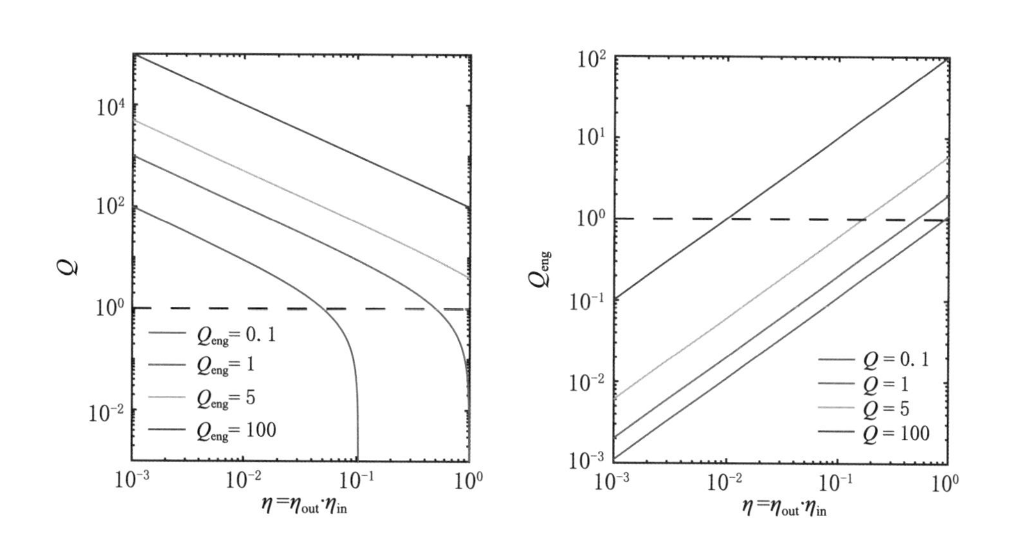

图 3.12　聚变堆的科学增益因子 Q 与工程增益因子 Q_{eng} 与能量转换效率 $\eta = \eta_{out} \cdot \eta_{in}$ 的关系

在乐观情况下，取 $\eta_{\text{in}}=1$，$\eta_{\text{out}}=1/3$，则要实现发电能量得失相当，即净电网能量 $P_{\text{grid}}=0$，得到工程的增益因子 $Q_{\text{eng}}=1$，此时需科学的增益因子 $Q=2$. 对于惯性约束聚变而言，由于通常驱动器的效率低，比如 $\eta_{\text{in}}\leqslant 0.02$，则要实现工程增益 $Q_{\text{eng}}\geqslant 1$，则通常需要 $Q\geqslant 50\sim 150$. 我们同时也注意到，只要能量转换效率足够高，$\eta_{\text{out}}\eta_{\text{in}}\approx 1$，则即使 $Q<1$，也可实现净发电增益，即 $Q_{\text{eng}}>1$.

在能量平衡时，依然有[①]

$$P_{\text{in}}=P_{\text{loss}}=\frac{E_{\text{th}}}{\tau_E}-f_{\text{ion}}P_{\text{fus}}+P_{\text{rad}}. \tag{3.46}$$

从而本小节定义的 Q 与上一节定义的 Q 等价. 对于劳森条件的计算，只需替换 Q 与工程增益因子 Q_{eng} 的关系，就可计算出工程增益 Q_{eng} 为特定值时所需的参数条件.

3.5.3 计算结果

基于上述模型，我们可以计算不同参数电子、离子温度比 $f_{\text{T}}=T_{\text{e}}/T_{\text{i}}$、增益因子 Q、离子密度比 x 情况下的劳森图，画出 $n_{\text{e}}\tau_E$ 或 $n_{\text{e}}\tau_E T_{\text{i}}$ 随温度 T_i 的曲线.

为了获得最低的 $n_{\text{e}}\tau_E$，需要优化密度比 x. 我们先不额外优化，而根据前述理想点火条件，选取相近的 x. 图 3.13 展示了 $f_{\text{T}}=T_{\text{e}}/T_{\text{i}}$ 时，得失相当条件及点火条件对应的三乘积要求. 从图中可以看到，氢–硼聚变只有在采用较大的 Sikora (2016) 的截面数据，才能实现得失相当 ($Q=1$)，但无法实现点火（$Q=\infty$，不存在带电产物聚变功率大于辐射损失功率的参数区间）；而用 Nevins (2000) 数据则更加困难，$Q\geqslant 1$ 的能量得失相当的参数区间都不存在.

图 3.14 所示的是固定增益因子 $Q=1$ 时，扫描温度比 $T_{\text{e}}/T_{\text{i}}=1,0.5,0.2,0.1$ 时的劳森图. 可以看到 $T_{\text{e}}/T_{\text{i}}=0.5$ 时，氢–硼聚变出现增益区间. 图 3.15 所示的是当固定增益因子 $Q=\infty$，扫描温度比 $T_{\text{e}}/T_{\text{i}}=1,0.5,0.2,0.1$ 时的劳森图. 可以看到 $T_{\text{e}}/T_{\text{i}}=0.5$ 或 $T_{\text{e}}/T_{\text{i}}=0.2$ 时，氢–硼聚变可以达到点火条件. 从这两个图可看到，热离子模式 $T_{\text{e}}/T_{\text{i}}<1$ 对氢–硼聚变的实现非常关键，但对氘–氚及催化的氘–氘聚变影响较小，对氘–氘及氘–氦聚变有一定影响.

① 有些文献及劳森原文中，P_{loss} 的含义中不扣除聚变带电粒子的加热项，也即取 $P_{\text{loss}}=\dfrac{E_{\text{th}}}{\tau_E}+P_{\text{rad}}$，此时 Q 及 τ_E 的含义与本书有细微区别，因而要注意区分. 目前文献中用得较多的是本书的定义方式，如 Wurzel (2022)、Morse (2018).

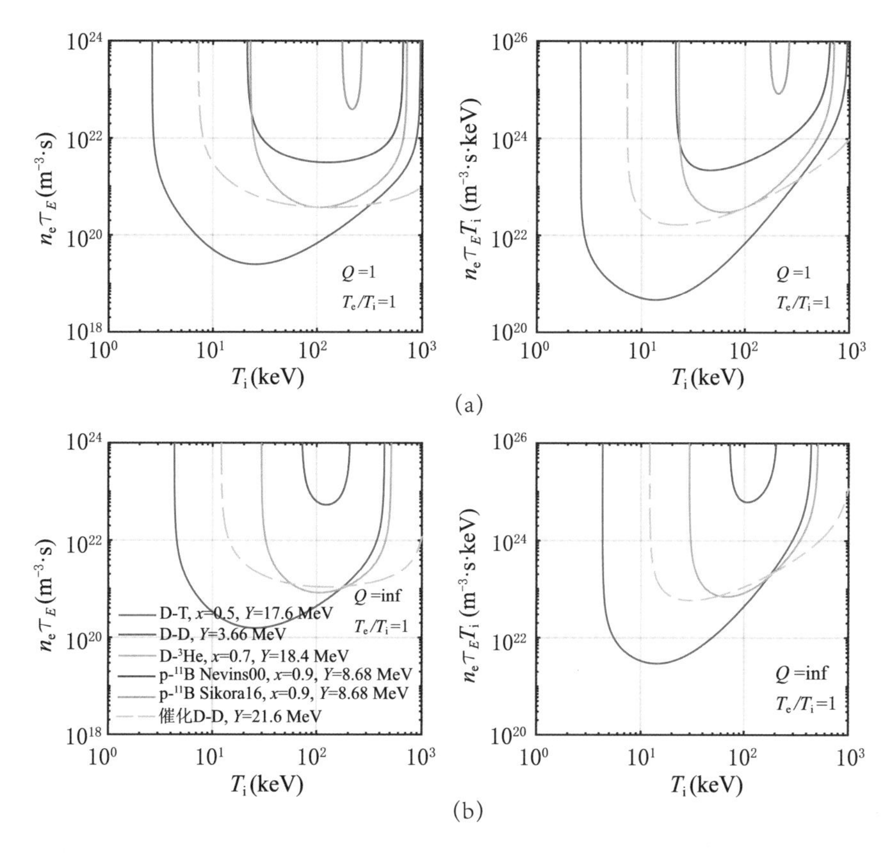

图 3.13 温度比 $T_e/T_i = 1$ 时的劳森图

(分别为 $Q = 1$ 和 $Q = \infty$)

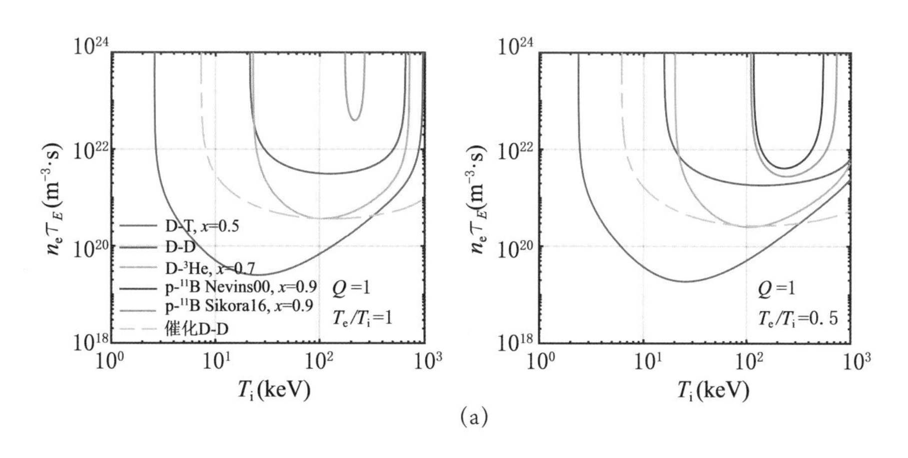

图 3.14 扫描温度比 $T_e/T_i = 1, 0.5, 0.2, 0.1$ 时的劳森图

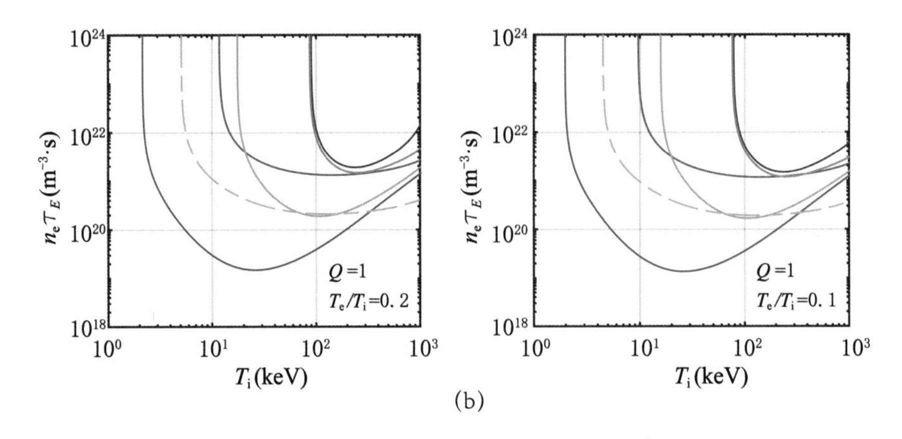

图 3.14(续)　扫描温度比 $T_e/T_i = 1, 0.5, 0.2, 0.1$ 时的劳森图

$(Q = 1)$

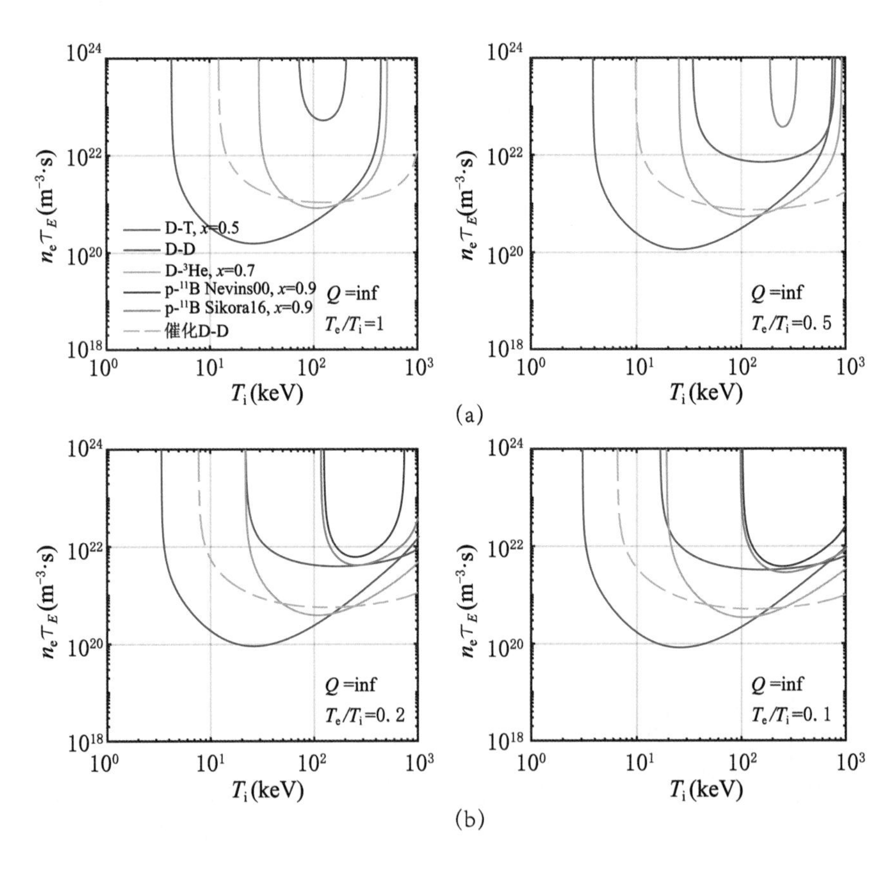

图 3.15　扫描温度比 $T_e/T_i = 1, 0.5, 0.2, 0.1$ 时的劳森图

$(Q = \infty)$

以上这些结果显示，除了氢–硼聚变外，另三种聚变方式（氘–氚、氘–氘、氘–氦）在科学上都有可行性，只是所需参数的高低不同而已. 对于氢–硼聚变，除了通常的热核聚变模式外，还要求实现热离子运行模式. 同时注意到以上讨论未考虑回旋辐射，它将使得聚变的科学可行性条件更为苛刻，在后续章节中我们会进一步分析.

再注意到前文对聚变平均反应时间 τ_{m} 的讨论，在典型的聚变温度 10~200 keV 范围内，$\tau_{\mathrm{m}} \cdot n_2 \approx 10^{21} \sim 10^{22}\,\mathrm{s \cdot m^{-3}}$，对比这里的劳森判据所需的 $n\tau_E$，可以看到对于氘–氚聚变 $n\tau_E \approx 10^{19} \sim 10^{20}\,\mathrm{s \cdot m^{-3}}$，因此即使实现了高增益的 Q，其燃料也通常未充分燃烧；氘–氘、催化的氘–氘及氘–氦聚变，实现增益需要 $n\tau_E \approx 10^{21} \sim 10^{22}\,\mathrm{s \cdot m^{-3}}$，也即对燃烧率需求较高；要实现氢–硼聚变，$T_{\mathrm{e}}/T_{\mathrm{i}} = 1$ 时需要 $n\tau_E \geqslant 10^{22}\,\mathrm{s \cdot m^{-3}}$，其也需要极高燃烧率及快速补料. 氢–硼聚变的热离子模式，要求降为 $n\tau_E \approx 10^{22}\,\mathrm{s \cdot m^{-3}}$，此时也需要较高的燃烧率，从而产物的聚集将不可被忽略. 这实际上也表明约束时间过长并不一定都是有利的，也可能不利，导致聚变产物积聚，使得聚变无法进一步有效进行，并同时会使聚变堆冷却. 后文将会进一步评估这个过程，指出有效排出聚变产物的重要性和定量条件. 从这个角度而言对约束时间 τ_E 的追求也是有限度的，只要达到劳森条件要求的值，就无需再追求数量级地提高约束时间. 只是当前的聚变研究，约束时间还远低于或者还只是接近于需要的值，因此需要重点强调约束.

同时我们注意到，对于氢–硼聚变，本身的温度已经是聚变产物能量的十分之一，因此聚变产物的能量也会有所变化. 这在本节的零阶量中未考虑. 但这也表明，要实现氢–硼聚变增益，需要燃烧率超过 10%. 这对约束是很高的要求. 这同时会引起氦灰聚集问题，也即实际情况比前面的劳森判据假定的条件会更困难. 这个问题本质上可以从前面的平均聚变自由程看出，尤其是参数 $n_2\tau_{\mathrm{m}}$. 在后文中我们将讨论更进一步的模型，使得包含燃烧率的效应.

3.6 热量交换及热离子模式

前文我们一直强调聚变能源研究的主要是热核聚变，同时又指出氢–硼聚变需要热离子模式. 研究这些问题，即粒子间的热量交换过程及热离子模式能否维持，主要涉及带电粒子间的库仑碰撞过程，相较于单粒子间的碰撞，它需要考虑等离子体的集体效应. 相关理论在聚变研究的初期就已经基本建立（Spitzer, 1956）. 这部分内容，本质上与热力学第二定律相关,本节我们对此进行简单探讨.

3.6.1 库仑碰撞基本过程和参数

对于无漂移的麦氏分布的两种粒子 i,j,当温度 T_{i},T_{j} 不同时,它们之间会通过碰撞发生热交换使得温度趋同(Wesson,2011):

$$\frac{\mathrm{d}T_{\mathrm{i}}}{\mathrm{d}t}=\frac{T_{\mathrm{j}}-T_{\mathrm{i}}}{\tau_{\mathrm{ij}}}. \tag{3.47}$$

其中,热交换时间:

$$\tau_{\mathrm{ij}}=\frac{3\sqrt{2}\pi^{3/2}\epsilon_0^2 m_{\mathrm{i}}m_{\mathrm{j}}}{n_{\mathrm{j}}e^4Z_{\mathrm{i}}^2Z_{\mathrm{j}}^2\ln\Lambda}\left(\frac{k_{\mathrm{B}}T_{\mathrm{i}}}{m_{\mathrm{i}}}+\frac{k_{\mathrm{B}}T_{\mathrm{j}}}{m_{\mathrm{j}}}\right)^{3/2}. \tag{3.48}$$

从热量交换功率角度(忽略粒子密度变化)看,粒子 j 传给粒子 i 的功率为

$$P_{\mathrm{ij}}=\frac{\mathrm{d}\left(\frac{3}{2}k_{\mathrm{B}}n_{\mathrm{i}}T_{\mathrm{i}}\right)}{\mathrm{d}t}=\frac{3}{2}k_{\mathrm{B}}n_{\mathrm{i}}(T_{\mathrm{j}}-T_{\mathrm{i}})\nu_{\mathrm{ij}}=-P_{\mathrm{ji}}. \tag{3.49}$$

其中,定义热交换频率:

$$\nu_{\mathrm{ij}}=\frac{1}{\tau_{\mathrm{ij}}}. \tag{3.50}$$

对于电子和单电荷的离子 $Z=1$,热交换时间:

$$\tau_{\mathrm{ei}}=\tau_{\mathrm{ie}}=\frac{m_{\mathrm{i}}}{2m_{\mathrm{e}}}\tau_{\mathrm{e}}, \tag{3.51}$$

其中,τ_{e} 是电子碰撞时间(电子与离子的碰撞):

$$\tau_{\mathrm{e}}=3(2\pi)^{3/2}\frac{\epsilon_0^2 m_{\mathrm{e}}^{1/2}(k_{\mathrm{B}}T_{\mathrm{e}})^{3/2}}{n_{\mathrm{i}}Z^2e^4\ln\Lambda}=1.09\times10^{16}\frac{T_{\mathrm{e}}^{3/2}}{n_{\mathrm{i}}Z^2\ln\Lambda}. \tag{3.52}$$

离子碰撞时间:

$$\tau_{\mathrm{i}}=12\pi^{3/2}\frac{\epsilon_0^2 m_{\mathrm{i}}^{1/2}(k_{\mathrm{B}}T_{\mathrm{i}})^{3/2}}{n_{\mathrm{i}}Z^4e^4\ln\Lambda}=6.60\times10^{17}\frac{\left(\frac{m_{\mathrm{i}}}{m_p}\right)^{1/2}T_{\mathrm{i}}^{3/2}}{n_{\mathrm{i}}Z^4\ln\Lambda}. \tag{3.53}$$

其中,后一个等式中温度 T_{e},T_{i} 单位为 keV,密度单位为 m^{-3}. 在这个过程中,碰撞频率主要由快的组分决定,也即电子. 但由于电子离子质量比相差大,每次只有占比 $m_{\mathrm{e}}/m_{\mathrm{i}}$ 的能量转移.

库仑对数 $\ln\Lambda$ 中(Gross,1984,p50):

$$\Lambda=\frac{\lambda_{\mathrm{D}}}{\bar{b}_0}=(12\pi n\lambda_{\mathrm{D}}^3)=\frac{12\pi}{Z^2n_{\mathrm{e}}^{1/2}}\left(\frac{\epsilon_0k_{\mathrm{B}}T}{e^2}\right)^{3/2}=1.24\times10^7\frac{T^{3/2}}{Z^2n_{\mathrm{e}}^{1/2}}. \tag{3.54}$$

其中,T 的单位为 K,n_e 单位为 m^{-3}.

我们对典型参数做一些具体计算. 为了计算简单,按(Wesson,2011,sec.14.5),取了 $\ln\Lambda\approx17,\ln\Lambda_{\mathrm{i}}\approx1.1\ln\Lambda$. 根据上述公式,离子分别假设为氢和硼(原子质量数为 $A_{\mathrm{i}}=1$ 和 11,电荷数分别为 $Z=1$ 和 5). 为了简单,我们不考虑氢–硼混合比例问题,只计算单种离子的热交换时间,即只有质子或者只有硼,此时 $Z_{\mathrm{i}}n_{\mathrm{i}}=n_{\mathrm{e}}$. 对于 100 keV 的电子,得出在密度 $10^{20}\,\mathrm{m}^{-3}$ 时,与质子和硼离子的热交换时间分别约为 5.88 s 和 12.9 s. 这个结果表明,对于典型氢–硼聚变参数,电子离子的温度在几秒的时间范围内会趋于相同.

对于非麦氏分布函数的碰撞弛豫过程,需要解复杂的 Fokker-Planck 方程,这里暂不讨论.

3.6.2 快粒子能量沉积过程

对于单能高能离子(中性束加热或聚变产物加热)的慢化过程,电子质量小,当 v_{b} 小于电子热速度时,对高能离子主要是平行方向的阻力,因而束流 v_{b} 对电子加热功率

$$\begin{aligned}P_{\mathrm{be}}&=F_{\mathrm{be}}v_{\mathrm{b}}=\frac{m_{\mathrm{b}}v_{\mathrm{b}}^2}{\tau_{\mathrm{se}}}\\&=\frac{2E_{\mathrm{b}}}{\tau_{\mathrm{se}}}=\frac{2m_{\mathrm{e}}^{1/2}m_bA_{\mathrm{De}}E_{\mathrm{b}}}{3(2\pi)^{1/2}(k_{\mathrm{B}}T_{\mathrm{e}})^{3/2}},\end{aligned} \tag{3.55}$$

其中,m_{b} 为束离子质量,$E_{\mathrm{b}}=\dfrac{1}{2}m_{\mathrm{b}}v_{\mathrm{b}}^2$ 是束能量,τ_{se} 是电子导致的慢化时间,有

$$\tau_{\mathrm{se}}=\frac{3(2\pi)^{1/2}(k_{\mathrm{B}}T_{\mathrm{e}})^{3/2}}{m_{\mathrm{e}}^{1/2}m_{\mathrm{b}}A_{\mathrm{De}}},\quad A_{\mathrm{De}}=\frac{n_{\mathrm{e}}e^4Z_{\mathrm{b}}^2\ln\Lambda_{\mathrm{e}}}{2\pi\epsilon_0^2m_{\mathrm{b}}^2}. \tag{3.56}$$

对于背景离子,由于质量与束流相近,因此垂直散射过程也很重要,加热功率为

$$P_{\mathrm{bi}}=F_{\mathrm{bi}}v_{\mathrm{b}}+\frac{1}{2}m_{\mathrm{b}}\langle v_{\perp}^2\rangle=\frac{m_{\mathrm{b}}v_{\mathrm{b}}^2}{\tau_{\mathrm{si}}}=\frac{2E_{\mathrm{b}}}{\tau_{\mathrm{si}}}=\frac{m_{\mathrm{b}}^{5/2}A_{\mathrm{Di}}}{2^{3/2}m_{\mathrm{i}}E_{\mathrm{b}}^{1/2}}, \tag{3.57}$$

其中

$$\tau_{\mathrm{si}}=\frac{m_{\mathrm{i}}}{m_{\mathrm{b}}}\cdot\frac{2v_{\mathrm{b}}^3}{A_{\mathrm{Di}}},\quad A_{\mathrm{Di}}=\frac{n_{\mathrm{i}}e^4Z_{\mathrm{i}}^2Z_{\mathrm{b}}^2\ln\Lambda_{\mathrm{i}}}{2\pi\epsilon_0^2m_{\mathrm{b}}^2}. \tag{3.58}$$

因此,高能离子对离子和电子的加热比值为

$$\begin{aligned}\frac{P_{\rm bi}}{P_{\rm be}} &= \frac{3(2\pi)^{1/2}(k_{\rm B}T_{\rm e})^{3/2}}{2m_{\rm e}^{1/2}m_{\rm b}A_{\rm De}E_{\rm b}}\cdot\frac{m_{\rm b}^{5/2}A_{\rm Di}}{2^{3/2}m_{\rm i}E_{\rm b}^{1/2}}\\ &\approx \frac{3\pi^{1/2}(k_{\rm B}T_{\rm e})^{3/2}}{4m_{\rm e}^{1/2}n_{\rm e}}\cdot\frac{m_{\rm b}^{3/2}n_{\rm i}Z_{\rm i}^2}{m_{\rm i}E_{\rm b}^{3/2}} = \left(\frac{E_{\rm ci}}{E_{\rm b}}\right)^{3/2},\end{aligned} \tag{3.59}$$

其中,临界能量:

$$E_{\rm ci} = \left(\frac{3\sqrt{\pi}}{4}\right)^{2/3}\left(\frac{n_{\rm i}Z_{\rm i}^2}{n_{\rm e}}\right)^{2/3}\left(\frac{m_{\rm i}}{m_{\rm e}}\right)^{1/3}\frac{m_{\rm b}}{m_{\rm i}}k_{\rm B}T_{\rm e}. \tag{3.60}$$

其中,取了 $\ln\Lambda_{\rm e}\approx\ln\Lambda_{\rm i}$. 如果考虑离子的综合效应,则

$$E_{\rm c} = \left(\frac{3\sqrt{\pi}}{4}\right)^{2/3}\left(\sum_i\frac{n_{\rm i}Z_{\rm i}^2}{n_{\rm e}}\cdot\frac{m_{\rm e}}{m_{\rm i}}\right)^{2/3}\frac{m_{\rm b}}{m_{\rm e}}k_{\rm B}T_{\rm e}. \tag{3.61}$$

图 3.16 展示了氢–硼聚变时,产物 α 离子加热电子和离子的比例,可以看到,其中主要是加热离子,这为氢–硼聚变实现热离子模式提供了可能性. 注意,产物 α 离子的能量分布不是单能的,对结果会有一定影响,这里取的是平均能量 $E = 2.89\,\text{MeV}$.

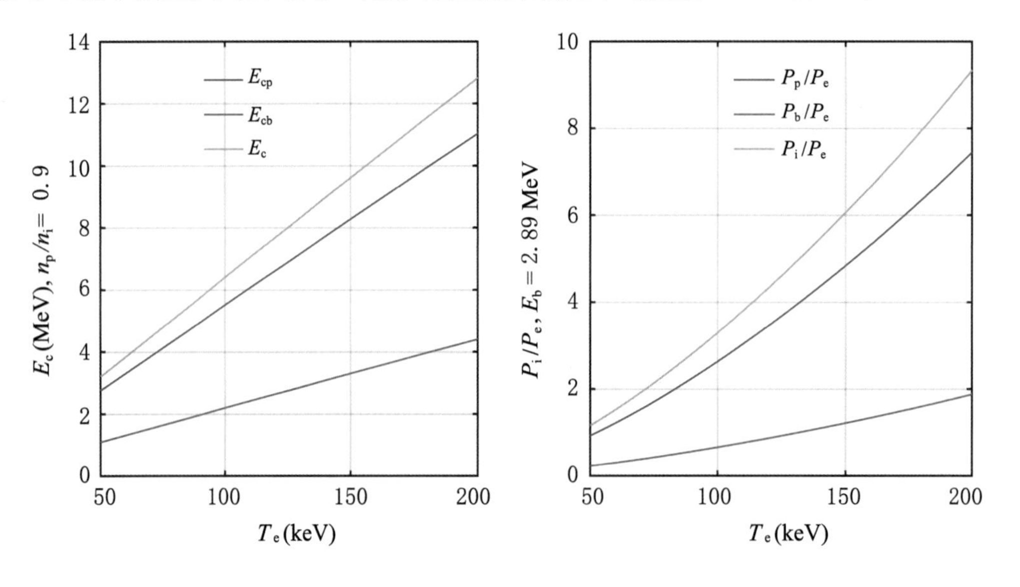

图 3.16 氢–硼聚变的 α 离子产物加热电子和离子的比例随电子温度 $T_{\rm e}$ 的变化关系

氘–氚聚变的情况与氢硼不同,其带电产物 α 离子能量为 3.52 MeV,而本底温度只需 10 keV 左右,从而 α 离子主要加热电子而非离子. 简单地理解,如果快离子的速度更接近本底电子热速度则优先加热电子,如果更接近本底离子热速度则优先加热离子. 本小节的内容,在 Wesson (2011)、Freidberg (2007) 等基础教材中均有详细讨论.

3.6.3 热离子模式

我们采用最简单的计算来估算氢–硼聚变热离子模式下的电子温度.

假设氢–硼聚变产生的功率全部用来加热离子, 电子则通过跟离子热量交换来维持自身能量. 忽略辐射和输运损失,只进行主导项的估算,有

$$\begin{aligned}-\frac{\mathrm{d}W_{\mathrm{i}}}{\mathrm{d}t} &= \frac{3}{2}k_{\mathrm{B}}\left(\frac{n_{\mathrm{p}}}{\tau_{\mathrm{p,\,e}}}+\frac{n_{\mathrm{B}}}{\tau_{\mathrm{B,\,e}}}\right)(T_{\mathrm{i}}-T_{\mathrm{e}})\\ &= f_{\mathrm{ion}}P_{\mathrm{fus}}.\end{aligned} \tag{3.62}$$

其中,$\tau_{\mathrm{p,\,e}}$ 和 $\tau_{\mathrm{B,\,e}}$ 分别是质子和硼离子与电子的热交换时间,可由公式 (3.48) 计算,结果如图 3.17所示. 这种方法算出的电子温度是最小的稳态可能温度,考虑其他效应,实际温度值会大于该值. 可以看到 $T_{\mathrm{i}}=300\,\mathrm{keV}$ 时,$T_{\mathrm{e}}=170\,\mathrm{keV}$,也即 $T_{\mathrm{e}}/T_{\mathrm{i}}=0.57>0.5$; 而对于 T_{i} 更小时,T_{e} 与 T_{i} 的差别更小. 这表明要维持较高温差的热离子模式有较大困难,该结论与 Moreau (1977) 及 Dawson (1981) 相近.

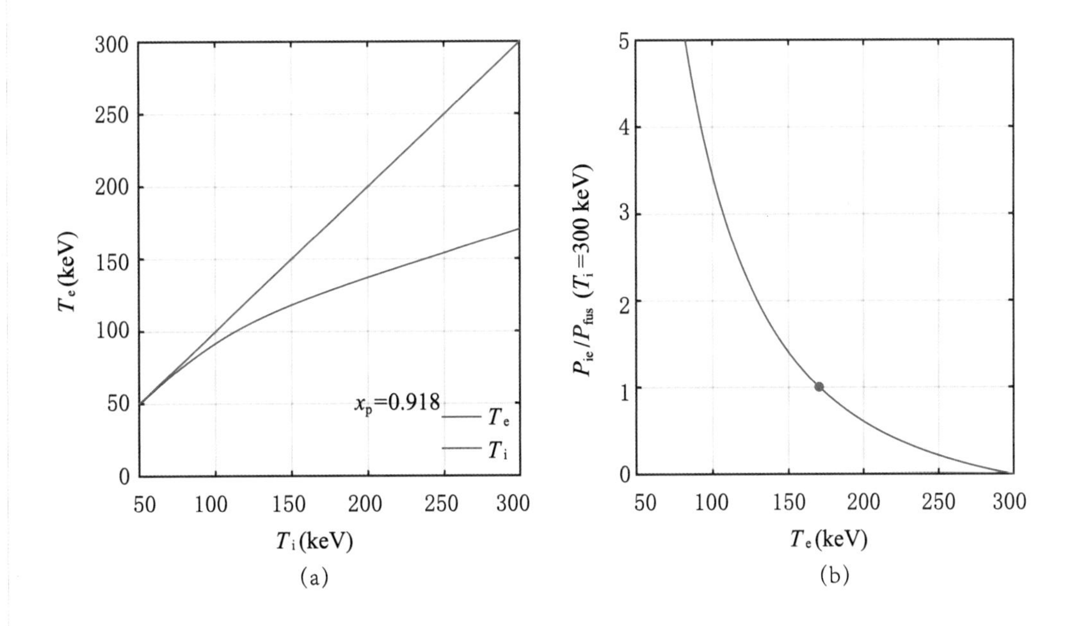

图 3.17 氢–硼聚变的热离子模式下电子温度 T_{e} 随离子温度 T_{i} 的变化关系

3.6.4 束流聚变

有了详述高能粒子慢化的公式,我们可以来估算高能离子注入冷的背景等离子体的慢化过程带来的聚变能量增益,比如氘注入氚背景,质子注入硼背景. 假定高能离子为 m_1,背景离子为 m_2,并且 $n_1 \ll n_2$,则高能离子的能量 $W_1 = \frac{1}{2}n_1 m_1 v_1^2 = n_1 E_1$ 的时间演化方程为

$$\frac{\mathrm{d}W_1}{\mathrm{d}t} = -P_{12} - P_{1\mathrm{e}}, \tag{3.63}$$

$$P_{1\mathrm{e}} = \frac{2m_\mathrm{e}^{1/2}}{3(2\pi)^{1/2}m_1(k_\mathrm{B}T_\mathrm{e})^{3/2}} \cdot \frac{n_\mathrm{e}e^4 Z_1^2 \ln \Lambda_\mathrm{e}}{2\pi\epsilon_0^2}W_1, \tag{3.64}$$

$$P_{12} = \frac{m_1^{1/2}}{2^{3/2}m_2 E_1^{3/2}} \cdot \frac{n_2 e^4 Z_2^2 Z_1^2 \ln \Lambda_\mathrm{i}}{2\pi\epsilon_0^2}W_1. \tag{3.65}$$

求解该方程,就可得到束流的能量随时间的变化. 束流与本底离子会发生聚变反应,其瞬时聚变功率为

$$P_\mathrm{fus} = n_1 n_2 \frac{1}{1+\delta_{12}}\langle\sigma v\rangle Y. \tag{3.66}$$

我们假定 $n_1 \ll n_2$,则 $n_2 = n_\mathrm{e}/Z_2$,以上方程中的密度 n_1 和 n_e 均可归一化掉,因此对结论不产生直接影响. 同时假定本底离子是冷的. 注意此时反应率 $\langle\sigma v\rangle$ 中反应截面 $\sigma(E)$ 针对的是质心系能量 $E_\mathrm{c} = E_1 m_2/(m_1+m_2)$ 及质心系速度 $v = \sqrt{2E_1/m_1}$.

图 3.18 展示了束流聚变的增益因子 $F = E_\mathrm{fus}/E_1$ 的结果,计算的是高能氘离子注入本底背景氚等离子体引起的聚变增益,针对不同的本底电子温度 T_e,可以看到这种束流方式尽管可以实现增益 $F > 1$,但最大增益仅 $F \approx 4$. 若考虑到维持本底等离子体的能量及产生束流的能损,整体上实现工程聚变增益 $Q_\mathrm{eng} > 1$ 有一定难度. 对以上方案最早 Dawson 在 1971 年有较细致的分析. 但是,如果这些束流粒子数够多,能量沉积到背景等离子体,使得背景等离子体可加热到聚变温度,并约束一定时间,则有可能通过热核反应实现增益. 这也是中性束加热期望实现的. 图 3.19 展示的是高能质子注入硼背景等离子体时的聚变增益因子 $F = E_\mathrm{fus}/E_1$,可以看到最大 $F \approx 0.5 < 1$,也即通过这种方式无法实现氢–硼的聚变增益,无法达到能量得失相当. 该结论与 Moreau (1977) 的相近.Santini (2006) 也讨论了非热化束流注入本底等离子时的能量增益,得出的结论是实现增益非常困难.

另外,上述两个束流聚变算例,我们都是用质量数小的作为束流,用质量数大的作为本底. 这是因为对于聚变反应而言,相对速度,或者说质心系的能量才有意义. 对于质量

数大的，要实现同样的相对速度，需要更大的束流能量，这就需要更高的成本，就更难获得大的增益因子.

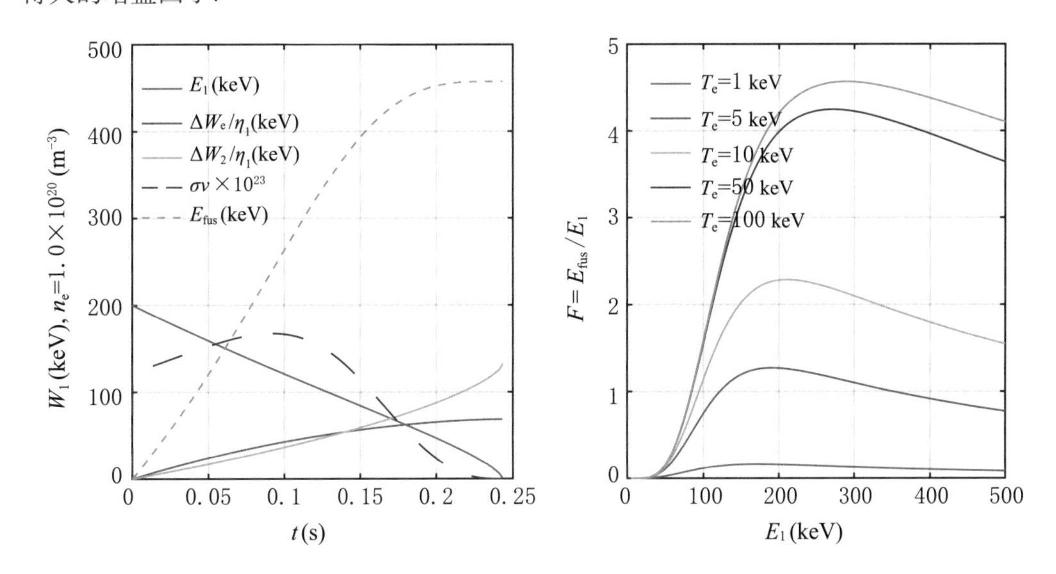

图 3.18　针对不同的本底电子温度 T_e 展示了高能氘离子注入本底氚等离子体引起的聚变增益

(束流聚变的增益因子 $F = E_{fus}/E_1$)

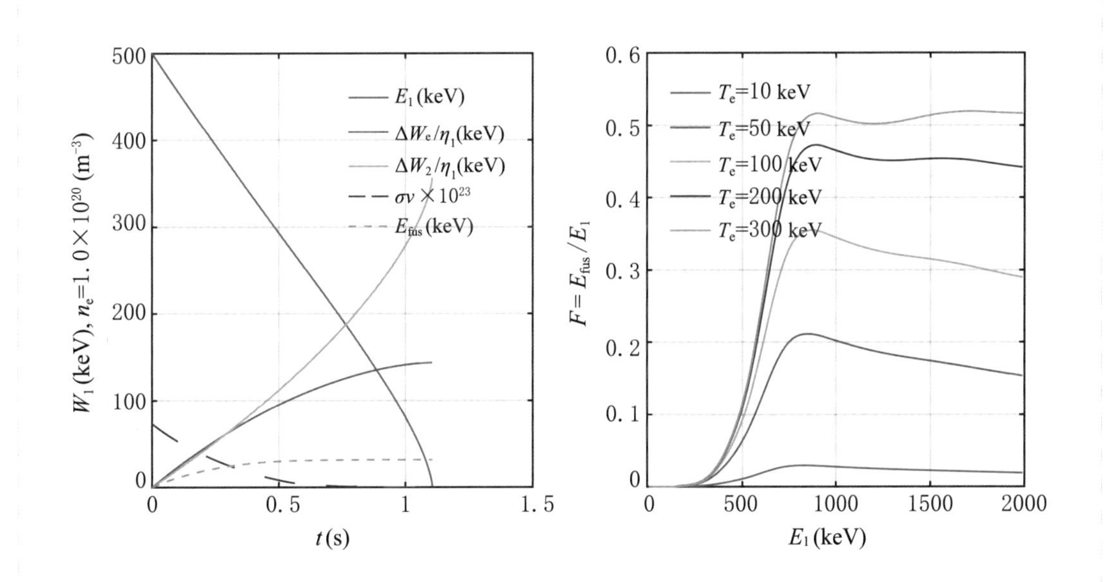

图 3.19　针对不同的本底电子温度 T_e 展示了高能质子注入本底硼等离子体引起的聚变增益

(束流聚变的增益因子 $F = E_{fus}/E_1$)

3.7 不同约束方式的参数区间

根据劳森判据三乘积要求，人们通常把可控聚变的约束方式分为磁约束聚变、惯性约束聚变及磁惯性约束聚变. 为了便于后续讨论，我们把主要的几类约束方式的参数区间大致列入表 3.3. 文献中主要只讨论氘–氚聚变，给出的范围可能会比这里窄. 这里为了后续讨论先进燃料，稍微扩大了参数范围.

表 3.3 不同聚变约束方式的大致参数区间

类型	磁约束	磁惯性约束	惯性约束	重力约束
密度 (m^{-3})	$10^{19} \sim 10^{22}$	$10^{24} \sim 10^{30}$	$> 10^{30}$	$> 10^{30}$
约束时间 (s)	> 0.1	$10^{-8} \sim 10^{-3}$	$< 10^{-8}$	$> 10^{10}$
是否需到点火温度	是	是	是	否
是否需要磁场	是	是	否	否

其中重力约束通常密度极高，能量约束时间也极长，但可以有效约束辐射，因此参数区间较其余约束不同. 而惯性约束也是密度极高，但约束时间极短，属于脉冲式方案. 磁约束主要追求目标是稳态发电，或者长脉冲发电，更接近经典的等离子体物理区间，需要被本章讨论的大部分物理因素所限定. 磁惯性约束则是期望利用磁约束和惯性约束各自的长处，在中间密度和中间约束时间区间内实现聚变能源，也属于脉冲式方案.

本章小结

本章讨论了聚变堆的基本参数关系及参数要求. 首先，我们指出了聚变平均反应时间和平均聚变自由程代表的含义，指出了它们的参数范围，尤其与库仑碰撞的对比指出为何聚变能源研究对象主要是热核聚变. 同时，指出由于功率密度的经济性和可控性的要求，聚变等离子体密度只能在较窄的范围内选择. 通过对比聚变功率与韧致辐射功率，我们得到理想点火温度，同时也指出了聚变最佳温度只在较窄的范围. 再基于完整的能量平衡分析，我们得到劳森判据，指出聚变三乘积温度、密度和约束时间需要超过一定值才能实现聚变增益. 在温度和密度在最佳范围的情况下，能量约束时间的最低要求也就确定了. 由于轫致辐射过大，我们探讨了热离子模式的可行性. 同时，我们也探讨了束流的非热核聚变方式的能量增益，指出其实现聚变能源的难度较大.

为了突破本章讨论的结论，一些可探讨，但实际上也极为困难的思路有：

(1) 有没有例外的可不在上述劳森判据假设范围内的聚变方案? 如果有，那能否突破这里的参数要求，比如冷聚变.

(2) 在远大于 MeV 量级时，离子–离子库仑截面可能小于聚变截面，是否可以用来实现聚变? 需核离子–电子碰撞截面，及能量大小对比.

(3) 不达到点火条件，能否也有经济性?

(4) 能否有聚变链式反应能大幅降低聚变条件，如参考 IAEA1973 中 McNally (1973)、卢鹤绂 (1960) 的讨论.

本章要点

★ 由于发电和驱动器能量转换效率的限制，要实现聚变正能量输出，至少需要先满足科学上能量得失相当的条件；

★ 轫致辐射功率与聚变功率的比值决定了聚变最低的点火温度以及最佳的温度范围；

★ 功率密度的限制决定了聚变堆的等离子体平均密度只能在较窄的范围内，对磁约束聚变而言为 $10^{19} \sim 10^{22}\ \mathrm{m}^{-3}$；

★ 聚变平均反应时间决定了所需约束时间的下限；

★ 能量平衡可给出聚变科学可行性的最低条件，对于氘–氚、氘–氘和氘–氦聚变，具有科学可行性；

★ 对于氢–硼聚变，在热离子模式或者聚变反应率明显提升时会具有可运行的参数区间，但所需条件从现有技术能力来看极为苛刻.

第 4 章

磁约束聚变参数区间

磁约束通过磁场使聚变等离子体实现较长时间的约束，其等离子体可以认为处于准平衡状态，即热压力与电磁力基本平衡．因此，磁约束聚变中由于磁场带来的两个零级效应是：比压 β 上限和同步（回旋）辐射限制．另外则是因为受到工程技术条件的约束，磁场无法做得太高．

对于氘–氚聚变，磁约束的科学可行性已基本得到验证，因而从零阶量角度而言，无需再对其科学可行性进行过多讨论；其作为能源的困难之处主要在于高能中子的防护、氚增殖、商业化成本等工程和经济性的因素.Lidsky (1983) 从工程角度发表了著名的批判性文章，认为氘–氚聚变能源没有追求的价值，至少是远无法与裂变堆相比.Reinders (2021) 全面梳理了聚变的历史，然后失望地表示聚变能源没有宣传的那么美好，并且汇集了一些主要的批判．当然，不是所有人都同意这些批判，比如 Stacey (1999) 对一些批判进行了反驳．

本章从零阶量探讨磁约束非氘–氚聚变的科学可行性，这里给出的结果代表先进燃料所需的最低条件，主要针对氢–硼聚变、氘–氦聚变，同时也讨论氘–氘聚变．早期 Dawson (1981)、McNally (1982) 对先进燃料聚变就有较细致的讨论．但由于涉及的模型考虑因素较多，因此不容易判定哪些因素可以突破．本章我们主要考虑最基本的能量平衡和最重要的几个限制因素，来探讨磁约束的非氘–氚聚变的难度．这样我们比较容易判定这少数几个限制因素能否被突破以及突破的难度，从而更清晰地了解非氘–氚聚变的难度及确定突破方向．同时我们也将用稍复杂的模型进行一定的探讨．

4.1 零阶参数评估模型

在前一章，我们已经梳理出一些主要参数的范围，尤其针对磁约束聚变，其参数可经过如下流程被大致确定：

• 温度：轫致辐射与聚变功率比值的最小化，决定了温度 T_{i} 的范围．在聚变反应率不能提升的情况下，对于氢–硼反应需热离子（hot ion）模式 $T_{\mathrm{e}}/T_{\mathrm{i}} < 1$；聚变反应率提升时，对温度比的要求可降低．

• 密度：通过经济性和可控性的要求，限定聚变功率密度在某个范围内时，使得密度不能太低，也不能太高，通常范围为 $10^{19} \sim 10^{22}\,\mathrm{m}^{-3}$．

• 磁场：在温度密度给定的情况下，压强确定，从而 βB^2 的值确定，因磁约束 β 有上限，从而磁场 B 有下限．

• 能量约束时间：此时再根据能量平衡，可算出对能量约束时间 τ_E 及回旋辐射反射率 R_{w} 等的要求．

这些零阶因素限制了聚变能源的参数选择范围，因此只能在较窄的范围内变动．在前文基础上，我们再进一步进行参数空间分析．

4.1.1 模型及限制因素

我们计算聚变反应与辐射及约束损失的能量平衡，再通过部分物理和经济性要求限定参数范围，忽略聚变产物的效应，如氦灰，稳态时的能量平衡如下

$$\frac{\mathrm{d}E_{\mathrm{th}}}{\mathrm{d}t} = -\frac{E_{\mathrm{th}}}{\tau_E} + f_{\mathrm{ion}}P_{\mathrm{fus}} + P_{\mathrm{heat}} - P_{\mathrm{rad}} = 0, \tag{4.1}$$

以上我们采用了常见的系统建模代码（Costley, 2015）中的做法，把聚变功率 P_{fus} 中带电产物的能量全部作为能量输入项对于氘–氚聚变带电产物能量只占总聚变能量的 1/5, $f_{\mathrm{ion}}=0.2$；对于氢–硼聚变而言聚变产物的能量全部由带电的 α 离子携带，$f_{\mathrm{ion}}=1$；P_{heat} 指外部加热功率，以此得到

$$P_{\mathrm{heat}}=P_{\mathrm{rad}}+\frac{E_{\mathrm{th}}}{\tau_E}-f_{\mathrm{ion}}P_{\mathrm{fus}}, \tag{4.2}$$

聚变增益因子定义为

$$Q_{\mathrm{fus}}\equiv\frac{P_{\mathrm{fus}}}{P_{\mathrm{heat}}}. \tag{4.3}$$

单位体积聚变功率：

$$P_{\mathrm{fus}}=\frac{1}{1+\delta_{12}}n_1n_2\langle\sigma v\rangle Y, \tag{4.4}$$

这里 n_1, n_2 分别为两种聚变离子的数密度；对于同种离子 $\delta_{12}=1$, 对于不同种离子 $\delta_{12}=0$；Y 为单次核反应的放能.

考虑非热化效应（非麦氏分布，比如利用共振峰的束流分布），氢–硼离子温度不相等以及可能的反应截面增加，我们把这些效应均归入一个放大因子 f_σ，即反应率假设为

$$\langle\sigma v\rangle=f_\sigma\langle\sigma v\rangle_{\mathrm{M}}, \tag{4.5}$$

其中 $\langle\sigma v\rangle_{\mathrm{M}}$ 为附录中麦氏分布时的反应率.

等离子体储能：

$$E_{\mathrm{th}}=\frac{3}{2}k_{\mathrm{B}}(n_{\mathrm{i}}T_{\mathrm{i}}+n_{\mathrm{e}}T_{\mathrm{e}}). \tag{4.6}$$

对于辐射项，我们只考虑轫致辐射和回旋（同步）辐射两部分：

$$P_{\mathrm{rad}}=P_{\mathrm{brem}}+P_{\mathrm{cycl}}. \tag{4.7}$$

本节考虑磁约束聚变的最低条件，由于相对论效应的辐射大于非相对论的，因此我们优先基于非相对论或弱相对论公式进行计算. 轫致辐射采用 Nevins (1998) 中相同的

$$\begin{aligned}P_{\mathrm{brem}}=&C_{\mathrm{B}}n_{\mathrm{e}}^2\sqrt{k_{\mathrm{B}}T_{\mathrm{e}}}\left\{Z_{\mathrm{eff}}\left[1+0.7936\frac{k_{\mathrm{B}}T_{\mathrm{e}}}{m_{\mathrm{e}}c^2}+1.874\left(\frac{k_{\mathrm{B}}T_{\mathrm{e}}}{m_{\mathrm{e}}c^2}\right)^2\right]\right.\\&\left.+\frac{3}{\sqrt{2}}\frac{k_{\mathrm{B}}T_{\mathrm{e}}}{m_{\mathrm{e}}c^2}\right\}\ (\mathrm{MW\cdot m^{-3}}).\end{aligned} \tag{4.8}$$

其中，$C_{\mathrm{B}}=5.34\times10^{-37}\times10^{-6}$，温度 $k_{\mathrm{B}}T_{\mathrm{e}}$ 和能量 $m_{\mathrm{e}}c^2$ 单位为 keV，密度 n_{e} 单位为 m^{-3}. 回旋辐射我们采用与 Costley (2015) 一样的，但忽略体积平均效应：

$$
\begin{aligned}
P_{\mathrm{cycl}} =& 4.14\times10^{-7} n_{\mathrm{e}}^{0.5} T_{\mathrm{e}}^{2.5} B^{2.5} (1-R_{\mathrm{w}})^{0.5} \\
& \cdot \left(1+2.5\frac{T_{\mathrm{e}}}{511}\right)\cdot\frac{1}{a^{0.5}}\ (\mathrm{MW}\cdot\mathrm{m}^{-3}),
\end{aligned}
\tag{4.9}
$$

其中,R_{w} 为壁反射率,温度 T_{e} 单位为 keV,密度单位为 $10^{20}\,\mathrm{m}^{-3}$,磁场 B 单位为 T,小半径 a 单位为 m.McNally (1982) 列出了几种早期推导的回旋辐射公式,结果各有差别. 如何准确评估实际装置中的回旋辐射大小,并不是一件容易的事. 这里我们暂时用上述公式进行计算,同时把与实际的可能偏差都归入对反射率 R_{w} 的要求,比如实际值如果比这里公式计算的小,则对反射率的要求就有所降低.

等离子体比压为

$$
\beta = \frac{2\mu_0 k_B (n_{\mathrm{i}}T_{\mathrm{i}} + n_{\mathrm{e}}T_{\mathrm{e}})}{B^2}, \tag{4.10}
$$

其中,为 μ_0 真空的磁导率. 为了使得聚变有经济性,需要的限定条件为

$$
Q_{\mathrm{fus}} \geqslant Q_{\min}, \tag{4.11}
$$

$$
P_{\mathrm{fus}} \geqslant P_{\min}, \tag{4.12}
$$

比如取 $Q_{\min}=1, P_{\min}=1\,\mathrm{MW}\cdot\mathrm{m}^{-3}$. 对于磁约束平衡,物理上要求

$$
\beta \leqslant \beta_{\max}, \tag{4.13}
$$

对于磁约束,力学平衡一般体积平均的 $\beta_{\max}=1$;而考虑不稳定性,则 $\beta_{\max}$ 更小,比如球形托卡马克可做到 $\beta=0.4$,场反位形可 $\beta\approx1$.

其他参数和符号:两种离子电荷数 Z_1、Z_2,离子温度 $T_1=T_2=T_{\mathrm{i}}$,电子温度 $T_{\mathrm{e}}=f_{\mathrm{T}}T_{\mathrm{i}}$,电子密度 $n_{\mathrm{e}}=Z_{\mathrm{i}}n_{\mathrm{i}}$,离子密度 $n_{\mathrm{i}}=n_1+n_2$,离子平均电荷数 $Z_{\mathrm{i}}=(Z_1n_1+Z_2n_2)/(n_1+n_2)$. 第一种离子密度 $n_1=f_1n_{\mathrm{i}}$,第二种离子密度 $n_2=f_2n_{\mathrm{i}}$,两种离子相同时 $f_1=f_2=1$,不同时 $f_2=1-f_1$. 平均电荷数 $Z_{\mathrm{i}}=f_1Z_1+f_2Z_2$,有效电荷数 $Z_{\mathrm{eff}}=\sum(n_{\mathrm{i}}Z_{\mathrm{i}}^2)/n_{\mathrm{e}}$.

该模型的输入参数共 8 个:第一种离子比例 f_1、电子离子温度比 f_T、反应率因子 f_σ、磁场 B、能量约束时间 τ_E、电子密度 n_{e}、离子温度 T_{i} 及回旋辐射反射率 R_{w}. 为了使讨论简单一些,其中回旋辐射中小半径尺寸 a 的影响,我们也归入 R_{w},设定 $a=1\,\mathrm{m}$.

根据上述模型,我们可对这 8 个参数进行扫描,然后通过前述 $Q_{\min}$、$P_{\min}$ 和 $\beta_{\max}$ 三个后验限定参数及其他输出参数进行检验,以确定是否存在合适的参数区间,或寻找最佳参数区间.

4.1.2 氢–硼聚变参数

氢–硼聚变具有原料丰富、产物无中子的特点，是较为理想的聚变能源原料. 然而由于其反应截面小，实现热核反应能量净增益的条件远高于氘–氚聚变. 我们来从上述简单的零维模型定量计算磁约束装置实现氢–硼聚变增益所需的关键条件. 氢–硼聚变反应截面采用最新的实验数据，其中第一种离子取为质子，限定参数取：$Q_{\min} = 1$，$P_{\min} = 1\,\mathrm{MW\cdot m^{-3}}$ 和 $\beta_{\max} = 1$.

图 4.1 显示，不考虑回旋辐射，电子离子温度相等时，可存在参数区间，但增益大于 1 的区间很窄；而一旦考虑回旋辐射，比如取反射率 $R_{\mathrm{w}} = 0.99$，这个增益区间就将消失.

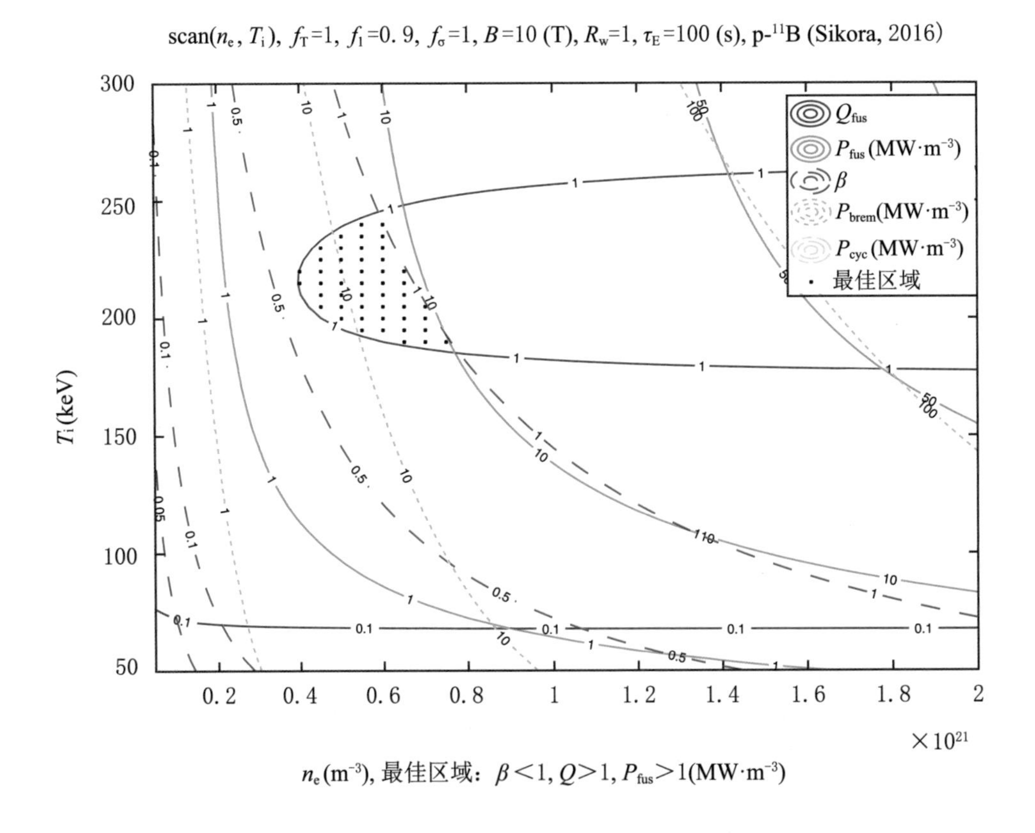

图 4.1 氢–硼 (p-^{11}B) 参数扫描图一

(设定电子离子温度相等，同时假定回旋辐射可以全部反射，此时可存在参数区间，但极其窄)

图 4.2 显示，降低电子温度，可存在正增益区间．注意到此时磁场为 10 T，正增益区间比压已大于 0.4，即如果磁场更低，则比压将超过极限值 1，此时能量约束时间也不低，$\tau_E = 50\,\mathrm{s}$．

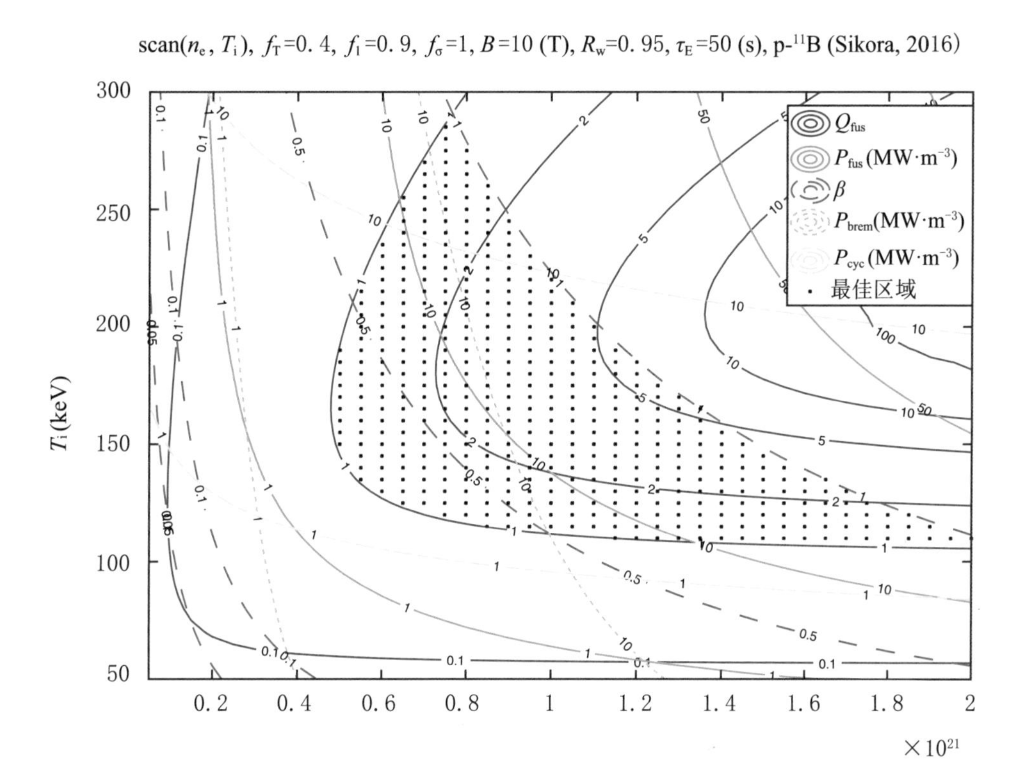

图 4.2　氢–硼 (p-^{11}B) 参数扫描图二

(设定电子离子温度比 $f_T = 0.4$，同时假定回旋辐射反射系数 $R_w = 0.95$，此时可存在参数区间，但依然较苛刻)

通过更广范围的参数扫描，从这个最简单的模型研究中，我们可得出：氢–硼聚变在苛刻的优化条件下，可能存在可行的参数区间，但区间极窄，且难度极大．所需条件的重要性可大致排序为：热离子模式，反应率，回旋辐射反射率，高比压，不能太高也不能太低的磁场，高约束时间．这些条件几乎都超出当前技术能力的常规范围，这也是 Nevins (2000) 及早期文献认为氢–硼聚变几乎不可行的原因．以上这些还不涉及如何把温度加到 150 keV 以上及在具有经济性的装置上实现几十秒的能量约束时间．

这里的限制因素，基本可从第 3 章得到理解：比压限制，使得氢–硼聚变磁场不能太低，不能低于 6 T；而回旋辐射，又使得磁场不能太高．这就限定了可选的磁场值，进而又要求有尽可能接近 1 的 β 值,由于温度可变范围小,进一步又使得密度只能在较窄的范围内变动. 即使能量约束时间可以非常长,降低密度要求,而密度过低,又使得单位体积聚变功率过低,无法满足经济性要求. 因此以磁约束作氢–硼聚变的,参数范围非常窄,即使只设定这简单的三个限定因素,都使得参数互相制约. 当考虑更多实际因素时,难度更大. 图 4.1 和图 4.2 所示的内容本质上就是第 3 章的劳森图所包含内容的一种更复杂的版本.

要突破上述限制应考虑的问题是:韧致辐射和回旋辐射能否回收利用? β 能否突破,比如壁约束? 但几乎都不可行.

4.1.3 氘–氚、氘–氘、氘–氦聚变参数

在第 3 章,我们通过劳森判据的分析,指出氘–氚、氘–氘和氘–氦聚变具有科学可行性. 我们这里可以通过上述模型,进一步分析其参数区间.

图 4.3 所示的为一种典型的氘–氘(D-D)聚变参数区间,可见其难度也较大,主要是所需密度太高,对 β 也有较高要求,且在高密度下容易出现单位体积聚变功率过大的问题. 图 4.4 所示为一种典型的催化氘–氘(D-D)聚变参数区间,可见相较于不考虑催化的 D-D 聚变,催化时相对容易了许多,密度、磁场、约束时间、温度、回旋辐射壁反射等要求,也在现有技术可能实现的范围. 图 4.5 所示为一种典型的氘–氦(D-^{3}He)聚变参数区间,可见 D-^{3}He 聚变也在现有技术可能实现的范围内. 图 4.6 所示为一种典型的氘–氚(D-T)聚变参数区间,可见氘–氚聚变参数要求最低,对回旋辐射也无需做额外处理.

从分析来看, 如果氢–硼聚变确实超出现有技术能力范围, 而 D-T 聚变的氚和中子难解决的情况下, D-^{3}He 聚变可作为优先的实验堆进行研究.D-^{3}He 可以用来检验非氘–氚聚变的科学和工程可行性,如果只是实验堆,则所需的 ^{3}He 是可以解决的. 从整体来看,催化的 D-D 可能是最有潜力的,除了有一定比例的中子需要解决外,所需条件相对较低. 实际中能否完全实现催化的 D-D 聚变,还需要更多的评估,包括次级反应是否能有充分的燃烧率. 我们在下一小节中将对此进行进一步的讨论.

初步结论可认为,催化的氘–氘(D-D)可能最先通过磁约束实现聚变能源商业化,这与 McNally82 的结论相近. 关于催化的 D-D 还有各种变体,比如在 D-D 中加入少量 ^{3}He,通过 ^{3}He 作为催化,使得少量的 ^{3}He 就能更有效地实现 D-D 聚变堆.

以上模型,可以进行更广范围的参数扫描. 这里只展示主要结论,因此不细讨论.

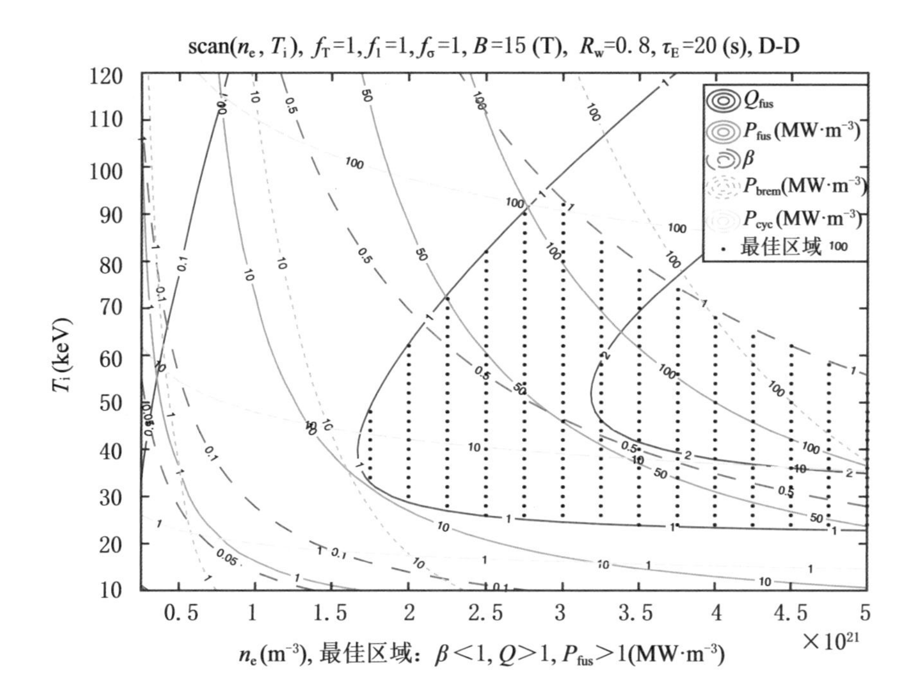

图 4.3　磁约束氘–氘 (D-D) 聚变典型参数区间

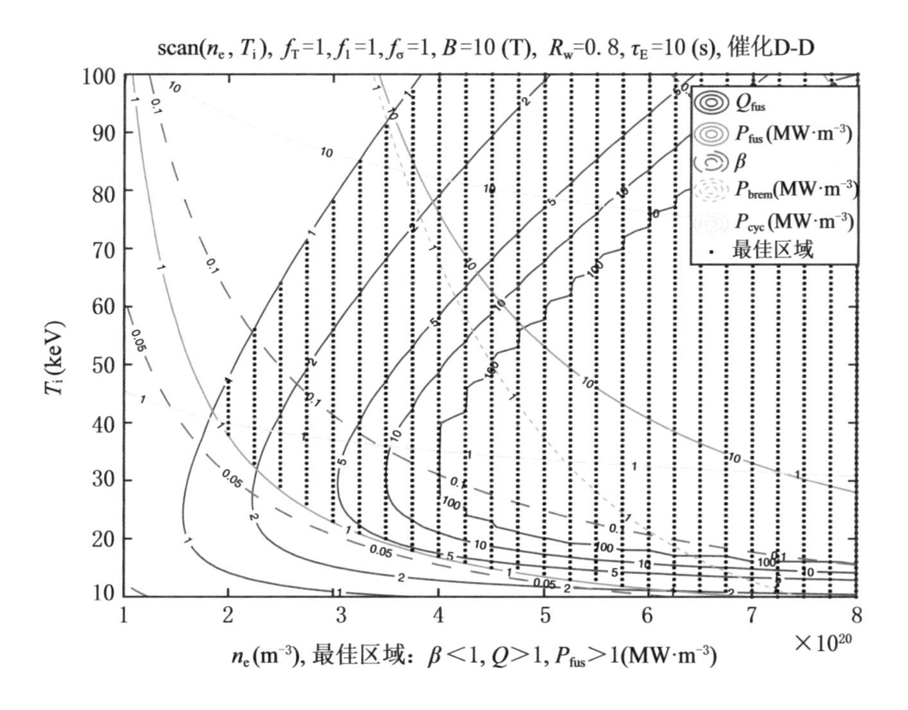

图 4.4　磁约束催化氘–氘 (D-D) 聚变典型参数区间

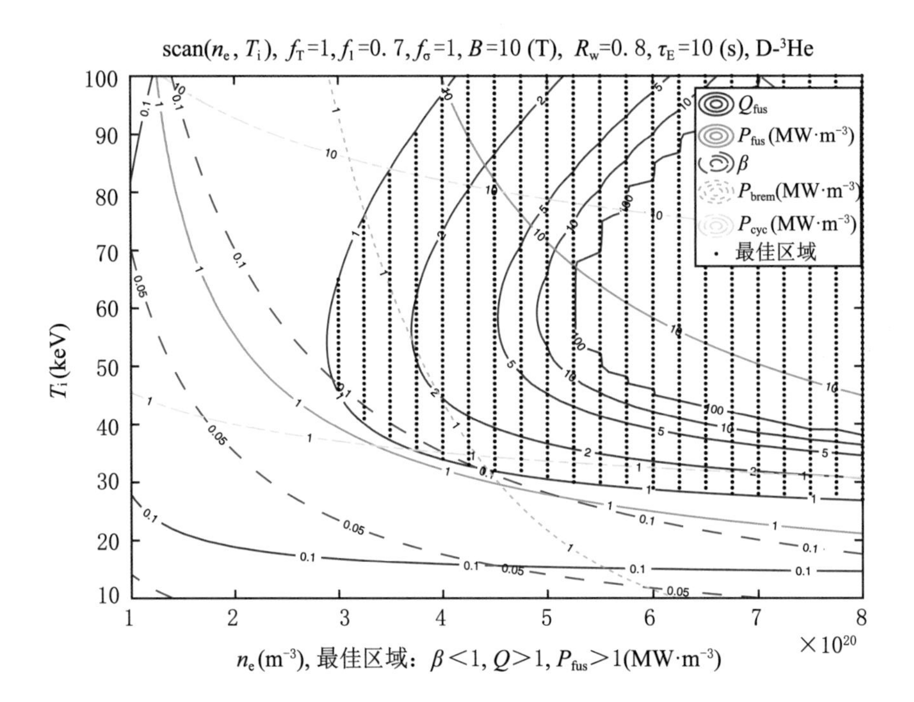

图 4.5　磁约束氘-氦 (D-^{3}He) 聚变典型参数区间

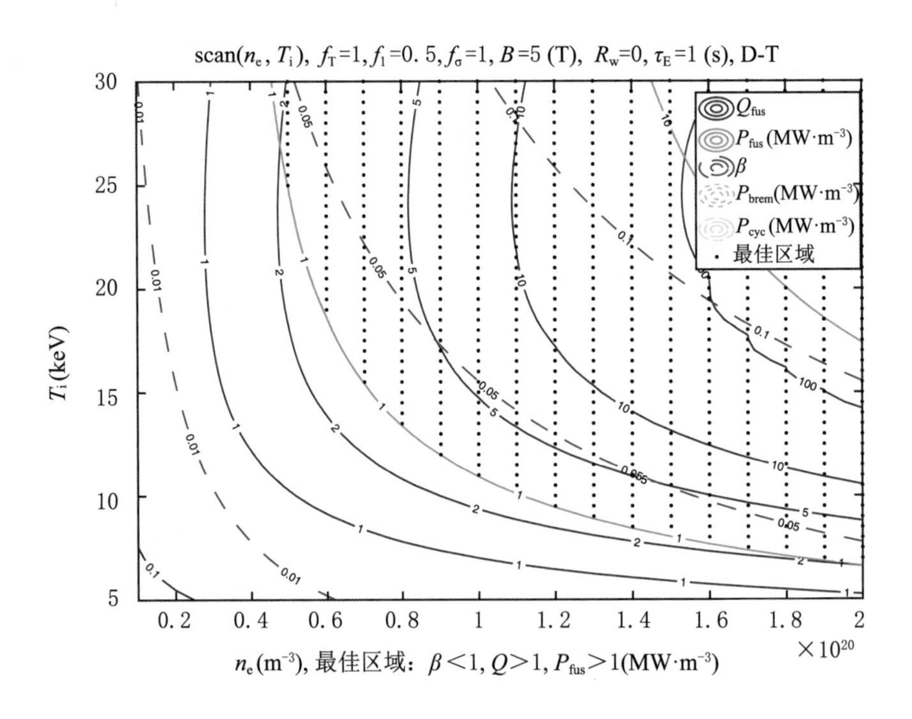

图 4.6　磁约束氘-氚 (D-T) 聚变典型参数区间

4.2 含氘的几种聚变分析

在前文基于对劳森判据及磁约束参数区间图的分析基础上，我们看到含氘的三种聚变反应都有作为聚变能源的科学可行性. 它们的主反应和副反应是有相互交叠的，因此，这里我们考虑稳态含氘的几种聚变，使得前述 D-T、D-D、D-^{3}He 三种聚变及其混合体都能在同一个模型下进行计算. 这里区分不同的粒子组分，同时区分粒子约束时间 τ_{N} 和能量约束时间 τ_{E}，但依然假定各离子温度相同.

4.2.1 模型

考虑如下 4 种聚变反应：

$$
\begin{aligned}
&\mathrm{D}+\mathrm{T} \longrightarrow \mathrm{n}(14.07\,\mathrm{MeV})+{}^4\mathrm{He}(3.52\,\mathrm{MeV}),\\
&\mathrm{D}+\mathrm{D} \longrightarrow \mathrm{n}(2.45\,\mathrm{MeV})+{}^3\mathrm{He}(0.82\,\mathrm{MeV})(50\%),\\
&\mathrm{D}+\mathrm{D} \longrightarrow \mathrm{p}(3.03\,\mathrm{MeV})+\mathrm{T}(1.01\,\mathrm{MeV})(50\%),\\
&\mathrm{D}+{}^3\mathrm{He} \longrightarrow \mathrm{p}(14.68\,\mathrm{MeV})+{}^4\mathrm{He}(3.67\,\mathrm{MeV}).
\end{aligned}
$$

对应的反应截面分别依次记为 $\langle\sigma v\rangle_1$、$\langle\sigma v\rangle_2$、$\langle\sigma v\rangle_3$ 和 $\langle\sigma v\rangle_4$；释放的能量分别依次记为 $Y_1=17.59\,\mathrm{MeV}$、$Y_2=3.27\,\mathrm{MeV}$、$Y_3=4.04\,\mathrm{MeV}$ 和 $Y_4=18.35\,\mathrm{MeV}$；其中带电产物的能量分别依次为 $Y_{1+}=3.52\,\mathrm{MeV}$、$Y_{2+}=0.82\,\mathrm{MeV}$、$Y_{3+}=4.04\,\mathrm{MeV}$ 和 $Y_{4+}=18.35\,\mathrm{MeV}$；不带电的中子产物的能量分别依次为 $Y_{1\mathrm{n}}=14.07\,\mathrm{MeV}$、$Y_{2\mathrm{n}}=2.45\,\mathrm{MeV}$ 和 $Y_{3\mathrm{n}}=Y_{4\mathrm{n}}=0$；含有的离子种类为 p、D、T、^{3}He 和 ^{4}He，假定它们的密度分别依次为 n_{p}、n_{d}、n_{t}、n_{h} 和 n_{α}；对应的电荷数分别依次为 $Z_{\mathrm{p}}=Z_{\mathrm{d}}=Z_{\mathrm{t}}=1$ 和 $Z_{\mathrm{h}}=Z_{\alpha}=2$. 其他副反应，如 T-T、^{3}He-^{3}He 的反应率低很多，可忽略.

稳态的粒子平衡方程如下（Nakao，1979；Khvesyuk，2000）：

$$
S_{\mathrm{p}}+\frac{1}{2}n_{\mathrm{d}}^2\langle\sigma v\rangle_3+n_{\mathrm{d}}n_{\mathrm{h}}\langle\sigma v\rangle_4-\frac{n_p}{\tau_{\mathrm{N}}}=0, \tag{4.14}
$$

$$
S_{\mathrm{d}}-n_{\mathrm{d}}n_{\mathrm{t}}\langle\sigma v\rangle_1-2\cdot\frac{1}{2}n_{\mathrm{d}}^2\langle\sigma v\rangle_2-2\cdot\frac{1}{2}n_{\mathrm{d}}^2\langle\sigma v\rangle_3-n_{\mathrm{d}}n_{\mathrm{h}}\langle\sigma v\rangle_4-\frac{n_{\mathrm{d}}}{\tau_N}=0, \tag{4.15}
$$

$$
S_{\mathrm{t}}-n_{\mathrm{d}}n_{\mathrm{t}}\langle\sigma v\rangle_1+\frac{1}{2}n_{\mathrm{d}}^2\langle\sigma v\rangle_3-\frac{n_{\mathrm{t}}}{\tau_{\mathrm{N}}}=0, \tag{4.16}
$$

$$S_{\mathrm{h}}+\frac{1}{2}n_{\mathrm{d}}^{2}\langle\sigma v\rangle_{2}-n_{\mathrm{d}}n_{\mathrm{h}}\langle\sigma v\rangle_{4}-\frac{n_{\mathrm{h}}}{\tau_{\mathrm{N}}}=0, \tag{4.17}$$

$$S_{\alpha}+n_{\mathrm{d}}n_{t}\langle\sigma v\rangle_{1}+n_{\mathrm{d}}n_{\mathrm{h}}\langle\sigma v\rangle_{4}-\frac{n_{\alpha}}{\tau_{\mathrm{N}}}=0. \tag{4.18}$$

为了简单,我们假设所有组分的粒子约束时间 τ_{N} 相同,能量约束时间 τ_{E} 也相同,同时 $\tau_{\mathrm{N}}=2\tau_{\mathrm{E}}$.

稳态时的能量平衡方程为

$$P_{\mathrm{heat}}+P_{\mathrm{fus},+}=P_{\mathrm{rad}}+\frac{E_{\mathrm{th}}}{\tau_{\mathrm{E}}}, \tag{4.19}$$

其中,聚变总功率:

$$\begin{aligned}P_{\mathrm{fus}}=&n_{\mathrm{d}}n_{\mathrm{t}}\langle\sigma v\rangle_{1}Y_{1}+\frac{1}{2}n_{\mathrm{d}}^{2}\langle\sigma v\rangle_{2}Y_{2}\\&+\frac{1}{2}n_{\mathrm{d}}^{2}\langle\sigma v\rangle_{3}Y_{3}+n_{\mathrm{d}}n_{\mathrm{h}}\langle\sigma v\rangle_{4}Y_{4},\end{aligned} \tag{4.20}$$

带电产物部分的功率:

$$\begin{aligned}P_{\mathrm{fus},+}=&n_{\mathrm{d}}n_{\mathrm{t}}\langle\sigma v\rangle_{1}Y_{1+}+\frac{1}{2}n_{\mathrm{d}}^{2}\langle\sigma v\rangle_{2}Y_{2+}\\&+\frac{1}{2}n_{\mathrm{d}}^{2}\langle\sigma v\rangle_{3}Y_{3+}+n_{\mathrm{d}}n_{\mathrm{h}}\langle\sigma v\rangle_{4}Y_{4+},\end{aligned} \tag{4.21}$$

不带电的产物中子部分功率:

$$\begin{aligned}P_{\mathrm{n}}&=P_{\mathrm{fus}}-P_{\mathrm{fus},+}\\&=n_{\mathrm{d}}n_{\mathrm{t}}\langle\sigma v\rangle_{1}Y_{1n}+\frac{1}{2}n_{\mathrm{d}}^{2}\langle\sigma v\rangle_{2}Y_{2\mathrm{n}}.\end{aligned} \tag{4.22}$$

其他参数关系,我们依然与前一节的相同,如,等离子体储能:

$$E_{\mathrm{th}}=\frac{3}{2}k_{\mathrm{B}}(n_{\mathrm{i}}T_{\mathrm{i}}+n_{\mathrm{e}}T_{\mathrm{e}}). \tag{4.23}$$

辐射项依然只考虑韧致辐射和回旋(同步)辐射两部分:

$$P_{\mathrm{rad}}=P_{\mathrm{brem}}+P_{\mathrm{cycl}}. \tag{4.24}$$

反应率依然采用麦氏分布的,离子密度、电子密度(由准中性条件)及有效电荷数:

$$n_{\mathrm{i}}=n_{\mathrm{p}}+n_{\mathrm{d}}+n_{\mathrm{t}}+n_{\mathrm{h}}+n_{\alpha}, \tag{4.25}$$

$$n_{\mathrm{e}}=Z_{\mathrm{p}}n_{\mathrm{p}}+Z_{\mathrm{d}}n_{\mathrm{d}}+Z_{\mathrm{t}}n_{\mathrm{t}}+Z_{\mathrm{h}}n_{\mathrm{h}}+Z_{\alpha}n_{\alpha}, \tag{4.26}$$

$$Z_{\mathrm{eff}}=\frac{n_{\mathrm{p}}Z_{\mathrm{p}}^{2}+n_{\mathrm{d}}Z_{\mathrm{d}}^{2}+n_{\mathrm{t}}Z_{\mathrm{t}}^{2}+n_{\mathrm{h}}Z_{\mathrm{h}}^{2}+n_{\alpha}Z_{\alpha}^{2}}{n_{\mathrm{e}}}. \tag{4.27}$$

聚变增益因子定义为

$$Q_{\mathrm{fus}}\equiv\frac{P_{\mathrm{fus}}}{P_{\mathrm{heat}}}. \tag{4.28}$$

外部加热功率 P_{heat} 依然可根据前述能量平衡方程得到

$$P_{\mathrm{heat}}=P_{\mathrm{rad}}+\frac{E_{\mathrm{th}}}{\tau_{\mathrm{E}}}-P_{\mathrm{fus},+}. \tag{4.29}$$

4.2.2 结果

以上模型可用于分析 D-T、D-^{3}He、催化的 D-D-^{3}He、催化的 D-D-T、催化的 D-D-^{3}He-T,及纯 D-D 聚变.

- 对于 D-T 聚变,粒子源 S_{d} 和 S_{t} 取的使 $n_{\mathrm{d}}=n_{\mathrm{t}}$ 及 $S_{\mathrm{h}}=0$;
- 对于 D-^{3}He 聚变,S_{d} 和 S_{h} 取的使 $n_{\mathrm{d}}=n_{\mathrm{h}}$ 及 $S_{\mathrm{t}}=0$;
- 对于纯 D-D,粒子源只有 S_{d};
- 对催化的 D-D-^{3}He,$S_{\mathrm{t}}=0$,损失的 ^{3}He 被循环使用,即 $S_{\mathrm{h}}=n_{\mathrm{h}}/\tau_{\mathrm{N}}$;
- 对催化的 D-D-T,$S_{\mathrm{h}}=0$,损失的 T 被循环使用,即 $S_{\mathrm{t}}=n_{\mathrm{t}}/\tau_{\mathrm{N}}$;
- 对于催化的 D-D-^{3}He-T, 损失的 ^{3}He 和 T 均被循环使用, 即 $S_{\mathrm{h}}=n_{\mathrm{h}}/\tau_{\mathrm{N}}$ 和 $S_{\mathrm{t}}=n_{\mathrm{t}}/\tau_{\mathrm{N}}$.

以上,在所有循环中,我们都假定质子和 α 粒子的源项 $S_{\mathrm{p}}=S_{\alpha}=0$.

以上模型自变量有:电子密度 n_{e}、能量约束时间 τ_{E}、离子温度 T_{i},及回旋辐射相关的磁场 B、反射系数 R_{w},共 5 个变量;其他量均为根据方程计算的输出量,如聚变总功率 P_{fus}、比压 β、聚变增益 Q_{fus}.

图 4.7 展示了以上 6 种情况的典型计算结果,可见 D-T 聚变最容易,其次是 D-^{3}He 聚变,然后是 D-D-^{3}He-T 和 D-D-^{3}He 聚变,再是 D-D-T 和纯 D-D 聚变. 从反应容易度及原料易获得性角度分析,最佳的为 D-D-^{3}He-T 和 D-D-^{3}He. 而纯 D-D 聚变的增益空间有限. 相较于前文的劳森图,我们也可看到,在这里并非密度越大聚变增益 Q_{fus} 越大,而是存在最佳区间. 这与产物的聚集稀释聚变原料有较大关系,也即在同样的约束时间 τ_{E} 下,密度 n_{e} 高时聚变燃烧率高,使得产物积聚较多;同样,固定密度 n_{e} 时,τ_{E} 增大,也会导致产物的积聚,降低聚变增益,也即是,并非 $n_{\mathrm{e}}\tau_{\mathrm{E}}$ 越大越好. 这就是磁约束聚变中常说的,需要氦灰排出技术.

为了使得这几种聚变方案具有可比性,我们还可设定 β、P_{fus} 及 Q_{fus} 为给定值,来反算其他量,从而对比这几种方案的参数要求. 这部分可由读者去尝试.

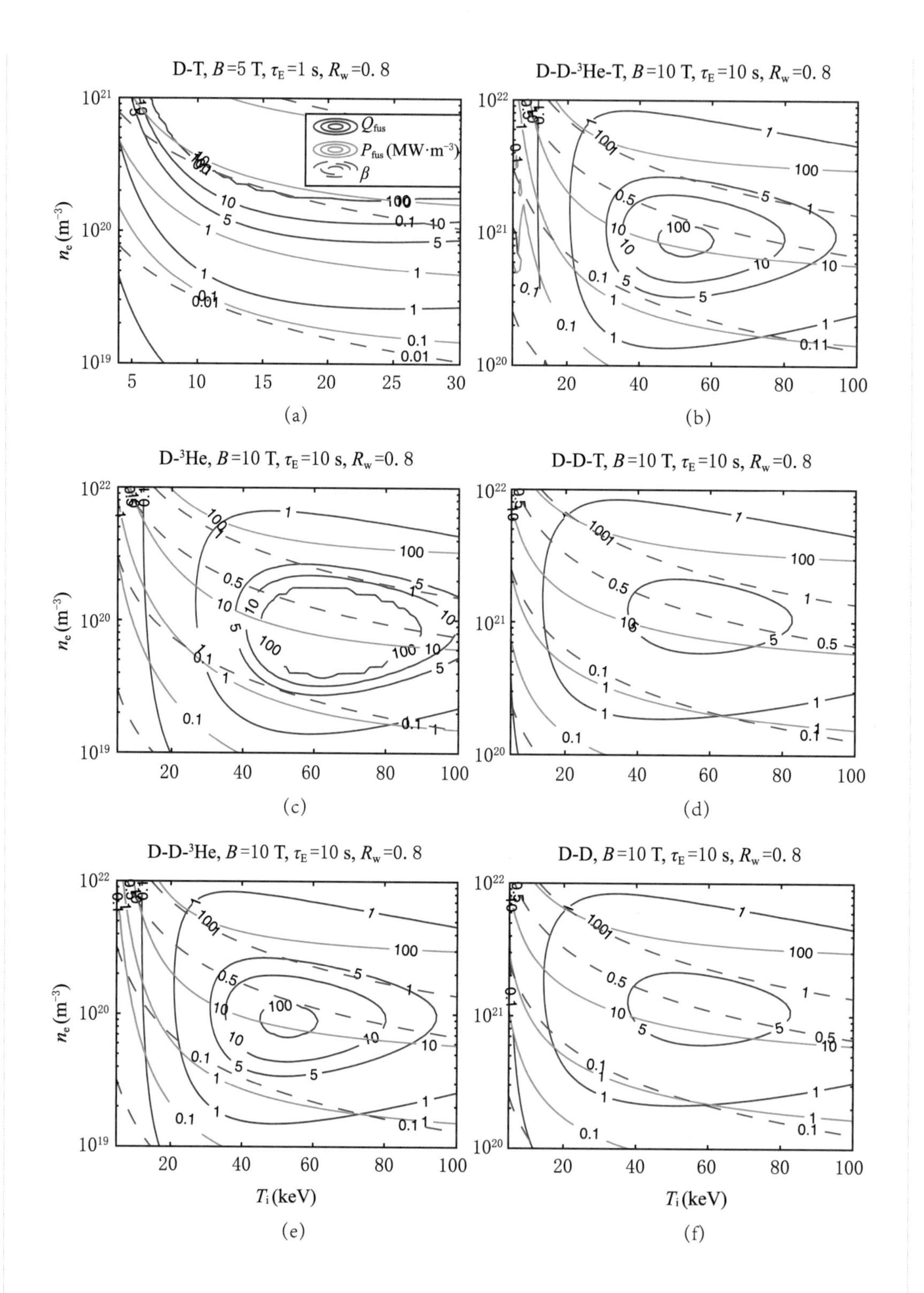

图 4.7　磁约束含氘 (D) 聚变不同副反应的典型参数区间

4.3 含热交换和燃烧率的氢–硼聚变参数

与上一节讨论氘聚变堆一样，这里我们针对氢–硼聚变，依然区分不同的粒子组分，同时考虑其过程中的能量转换；同时区分粒子约束时间和能量约束时间.

模型中含质子、硼和氦灰三种离子，密度分别记为 n_p、n_b 和 n_α，假定离子都是麦氏分布且温度 T_i 相同. 稳态时离子的粒子数平衡方程为

$$\frac{\mathrm{d}n_\mathrm{p}}{\mathrm{d}t}=S_\mathrm{p}-n_\mathrm{p}n_\mathrm{b}\langle\sigma v\rangle-\frac{n_\mathrm{p}}{\tau_{\mathrm{N,p}}}=0, \tag{4.30}$$

$$\frac{\mathrm{d}n_\mathrm{b}}{\mathrm{d}t}=S_\mathrm{b}-n_\mathrm{p}n_\mathrm{b}\langle\sigma v\rangle-\frac{n_\mathrm{b}}{\tau_{\mathrm{N,b}}}=0, \tag{4.31}$$

$$\frac{\mathrm{d}n_\alpha}{\mathrm{d}t}=3n_\mathrm{p}n_\mathrm{b}\langle\sigma v\rangle-\frac{n_\alpha}{\tau_{\mathrm{N},\alpha}}=0, \tag{4.32}$$

其中，源项 S_p 和 S_b 用来维持所需的质子和硼密度 n_p 和 n_b. 电子密度由准中性条件决定，$n_\mathrm{e}=Z_\mathrm{p}n_\mathrm{p}+Z_\mathrm{b}n_\mathrm{b}+Z_\alpha n_\alpha$. 我们假定 n_p 和 n_b 为输入量，则前两个方程可以不用求解. 第三个氦灰密度方程变为

$$n_\alpha=3n_\mathrm{p}n_\mathrm{b}\langle\sigma v\rangle\tau_{\mathrm{N}\alpha}=3n\tau n_\mathrm{b}\langle\sigma v\rangle h, \tag{4.33}$$

其中，$h=\tau_{\mathrm{N}\alpha}/\tau_\mathrm{E}$，$n\tau=n_\mathrm{p}\tau_\mathrm{E}$. 默认可取 $f_\alpha=1$. 如果没有有效的氦灰排出技术，那么 $h\approx1$，因为 $\tau_{\mathrm{N}\alpha}\approx\tau_{\mathrm{Np}}\approx\tau_\mathrm{E}$，这将导致大量的氦灰聚集. 比如我们取 $h=1$，$n_\mathrm{b}/n_\mathrm{p}=0.15$，$\langle\sigma v\rangle=4.4\times10^{-22}\,\mathrm{m^3\cdot s^{-1}}$ ($T_\mathrm{i}=300\,\mathrm{keV}$) 及 $n\tau=10^{22}\,\mathrm{m^{-3}\cdot s}$，得到 $n_\alpha/n_\mathrm{p}\approx1.8$. 这本质上是第 3 章中所讨论的聚变平均反应时间所限制的. 如果 $n\tau$ 取小，则氦灰积聚会小，但这又导致无法达到劳森判据的增益条件.

稳态时单位体积的能量方程为

$$\frac{\mathrm{d}E_\mathrm{e}}{\mathrm{d}t}=P_{\mathrm{x,e}}+P_{\alpha,\mathrm{e}}+P_{\mathrm{i,e}}-P_\mathrm{r}-\frac{E_\mathrm{e}}{\tau_{\mathrm{E,e}}}=0, \tag{4.34}$$

$$\frac{\mathrm{d}E_\mathrm{i}}{\mathrm{d}t}=P_{\mathrm{x,i}}+P_{\alpha,\mathrm{i}}-P_{\mathrm{i,e}}-\frac{E_\mathrm{i}}{\tau_{\mathrm{E,i}}}=0, \tag{4.35}$$

其中，$P_{\mathrm{x,i}}$ 和 $P_{\mathrm{x,e}}$ 为外部对离子和电子的加热功率；$P_{\alpha,\mathrm{e}}$ 和 $P_{\alpha,\mathrm{i}}$ 为聚变 α 加热功率；$P_{\mathrm{i,e}}$ 为电子和离子间的热交换功率；P_r 为辐射项；$\tau_{\mathrm{E,e}}$ 和 $\tau_{\mathrm{E,i}}$ 代表电子和离子的输运损失的能量约束时间. 将能量方程可以加起来变为一个方程：

$$P_\mathrm{x}+P_\alpha=P_\mathrm{r}+\frac{E}{\tau_\mathrm{E}}, \tag{4.36}$$

其中,$E = E_e + E_i$ 为总的热能,$E/\tau_E = E_e/\tau_{E,e} + E_i/\tau_{E,i}$.

我们采取乐观的估计方式,同时为了简化,可取 $P_{x,e} = P_{\alpha,e} = 0$,也即外源和聚变 α 离子都是加热离子而不加热电子. 这可使得电子温度尽量低,从而能降低辐射损失. 这个假设会稍低估电子温度,但有一定合理性,因为基于第 3 章的计算,氢–硼聚变产物 α 离子主要加热离子,而且未来的氢–硼堆可能主要采用中性束、离子回旋波这些能直接加热离子的加热方式. 热交换功率如下:

$$P_{ie} = \frac{3}{2}k_B\left(\frac{n_p}{\tau_{p,e}} + \frac{n_b}{\tau_{b,e}} + \frac{n_\alpha}{\tau_{\alpha,e}}\right)(T_i - T_e). \tag{4.37}$$

其中,$\tau_{p,e}$、$\tau_{b,e}$ 和 $\tau_{\alpha,e}$ 分别是质子、硼和 α 离子与电子的热交换时间,可由公式 (3.48) 计算.

聚变功率:

$$P_{fus} = n_p n_b \langle\sigma v\rangle Y, \tag{4.38}$$

其中,$Y = 8.68\,\text{MeV}$.

聚变增益因子:

$$Q_{fus} = \frac{P_{out} - P_{in}}{P_{in}} = \frac{P_{fus}}{P_x}, \tag{4.39}$$

其中,$P_{out} = P_r + E/\tau_E$,$P_{in} = P_x$,$P_\alpha = P_{fus}$.

模型中的输入参数为:$n_p, n_b, h, \tau_E, \tau_{E,i}/\tau_{E,e}, T_i$;电子温度 T_e 通过热交换方程求得;同时可求得 $P_r, P_\alpha, P_{fus}, P_x$ 和 Q_{fus}. 该模型与 4.1 节的差别是考虑了氦灰 n_α,同时电子温度 T_e 是根据热交换求出而不是任意给定的. 这个模型接近 Dawson (1981) 中所讨论的.

图 4.8 显示了一组典型算例,算例中显示热离子模式是有希望达到的,但比压和氦灰问题依然是限制因素.

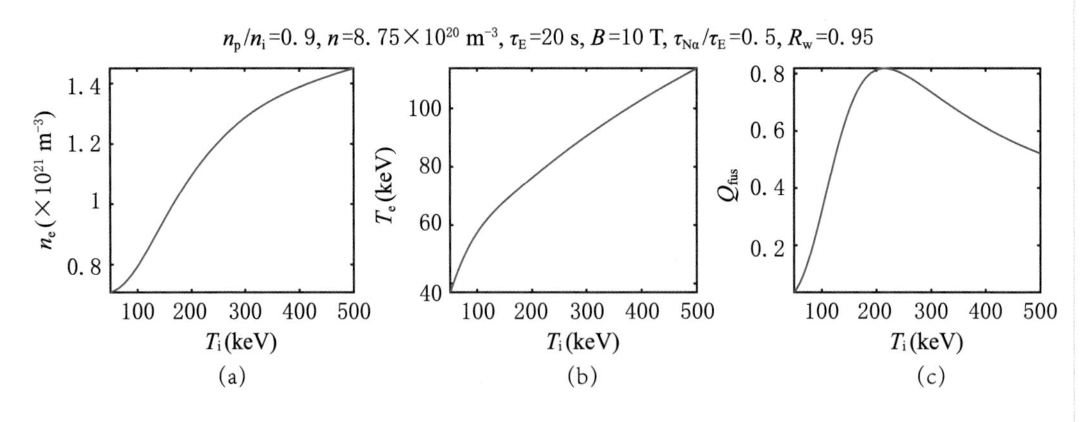

图 4.8 磁约束氢–硼聚变典型算例

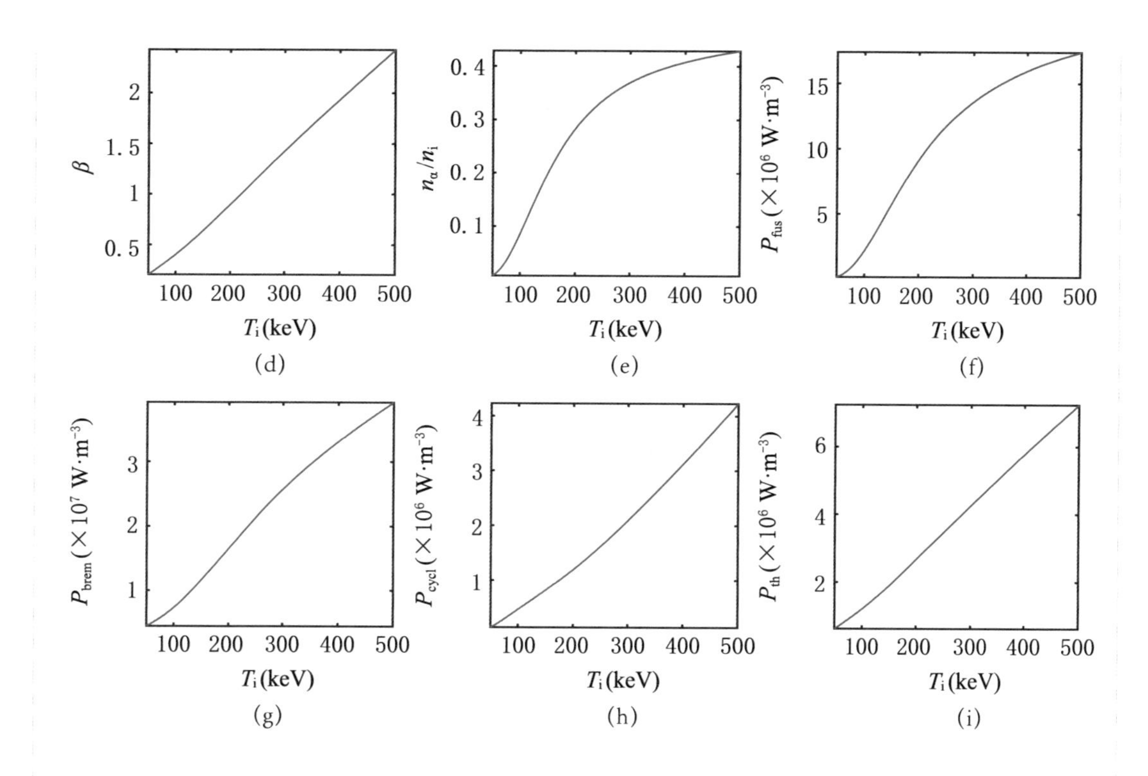

图 4.8(续)　磁约束氢–硼聚变典型算例

(当氦灰无法有效排出时,较难存在聚变增益区间)

4.4　能量约束时间上限

经典(classical)碰撞约束决定了磁约束聚变的能量约束时间上限. 尽管湍流输运、新经典(neo-classical)输运会使实际约束能量数量级降低,但后两者是有办法进行优化提升的,而经典碰撞约束却无法进一步改进. 输运系数为

$$D=\frac{\Delta x^2}{\Delta t}\propto\frac{n}{T^{1/2}B^2},\quad \Delta x=\rho_{c,s},\quad \Delta t=\tau_c. \tag{4.40}$$

其中,$\rho_{c,s}$ 为回旋半径,τ_c 为碰撞时间. 能量约束时间为

$$\tau_E\sim\frac{a^2}{D}\sim\frac{a^2B^2T^{1/2}}{n}. \tag{4.41}$$

从而磁场 B 越大,约束越好;装置尺寸 a_{plasma} 越大约束也越好,但这两个参数都会导致装置成本的增加. 我们在这里又看到 $n\tau_{\text{E}}$ 作为整体出现, 即密度大时 τ_{E} 会降低, 而对 $n\tau_{\text{E}}$ 无明显影响. 温度越高约束越好,但高温的代价是成本上升以及等离子体压强增大,使得实现可控的难度加大.

我们来做一些具体计算. 经典和新经典输运系数公式可取为

$$\chi_{\text{i,c}} \sim D_{\text{i,c}} = \frac{\rho_{\text{i}}^2}{\tau_{\text{e,i}}}, \tag{4.42}$$

$$\chi_{\text{i,neo}} \sim D_{\text{i,neo}} = \frac{\epsilon^{-3/2} q^2 \rho_{\text{i}}^2}{\tau_{\text{e,i}}} = \epsilon^{-3/2} q^2 \cdot D_{\text{i,c}}, \tag{4.43}$$

其中,$\epsilon = r/R$ 为逆环径比,q 为安全因子;表达式中碰撞频率取 $\tau_{\text{e,i}}$,而不是 τ_{i},是因为等离子体会维持准中性,体现为双极扩散(Freidberg,2007,chap14);取典型的 $\epsilon = 0.5$, $q = 2$, 则 $D_{\text{i,neo}}/D_{\text{i,c}} = 11.3$, 也即新经典输运系数比经典输运系数大一个数量级. 这里的新经典主要是对托卡马克而言,其碰撞的特征尺度 Δx 是香蕉轨道宽度,而不是回旋半径 ρ_{i},香蕉轨道宽度与回旋半径大小的差别就体现在新经典对经典输运的修正系数上. 回旋半径的具体计算公式见附录 A.

由于在柱坐标下,输运扩散方程:

$$\frac{\partial n}{\partial t} = D\nabla^2 n = D\frac{1}{r} \cdot \frac{\partial}{\partial r}\left(r\frac{\partial n}{\partial r}\right), \ n(r=a) = 0, \tag{4.44}$$

的零阶解为

$$n(r,t) = n_0 J_0\left(\frac{r}{\sqrt{D\tau_D}}\right)\text{e}^{-t/\tau_{\text{D}}}, \tag{4.45}$$

而贝塞尔函数第一个零点 $J_0(x_0 \approx 2.4) = 0$,也即得到输运扩散的特征时间:

$$\tau_{\text{D}} = \frac{a^2}{Dx_0^2} \approx 0.1736\frac{a^2}{D}. \tag{4.46}$$

这个时间 τ_{D} 可以代表输运系数为 D,半径为 a 的圆柱位形下的约束时间. 为了简单起见,对于新经典约束时间,我们也按这个公式进行估算.

根据以上公式,计算的几组典型结果见表 4.1,可以看到,经典约束时间在 100 s 量级,可满足前述对能量约束时间的要求. 但是新经典输运的约束时间将给氢–硼聚变等对约束要求较高的聚变反应带来较大挑战. 不过我们也注意到, 上述碰撞输运模型中, D 与回旋半径 ρ_{i} 的平方成正比, 而 ρ_{i} 又与磁场 B 成反比, 因而 $\tau_{\text{D}} \propto B^2$, 也即磁场大 10 倍,约束时间长 100 倍;实际中通常不是碰撞输运,而是反常输运,比如 Bohm 输运 $D \propto T/B$. 另一方面,$\tau_{\text{D}} \propto a^2$,即装置变大 2 倍,约束时间变为 4 倍,这也是大装置、强磁场更容易实现聚变约束的原因.

表 4.1 典型聚变参数下的回旋半径及碰撞约束时间

	参数 1	参数 2	参数 3
温度 (keV)	1	20	200
密度 (m^{-3})	1×10^{19}	1×10^{20}	1×10^{20}
质子回旋半径 (m)	4.57×10^{-3}	2.04×10^{-2}	6.46×10^{-2}
电子回旋半径 (m)	1.07×10^{-4}	4.77×10^{-4}	1.51×10^{-3}
电子碰撞时间 (s)	6.4×10^{-5}	5.72×10^{-4}	1.81×10^{-2}
质子碰撞时间 (s)	3.53×10^{-3}	3.15×10^{-2}	9.97×10^{-1}
经典输运系数 (m^2/s)	3.55×10^{-4}	7.95×10^{-4}	2.51×10^{-4}
新经典输运系数 (m^2/s)	4.02×10^{-3}	8.99×10^{-3}	2.84×10^{-3}
经典约束时间 (s)	489	218	691
新经典约束时间 (s)	43.2	19.3	61.1

注:取 $\epsilon=0.5, q=2, a=1\,\mathrm{m}$ 及 $B=1\,\mathrm{T}$.

这些估算为提高约束达到所需目标能量的约束时间提供了一些定量的参考依据和研究方向.

本章小结

本章在前一章劳森判据的基础上，进一步分析了含回旋辐射及比压限制时的磁约束聚变的参数空间. 通过第一个模型，我们指出氢–硼聚变条件苛刻，同时指出氘–氚、氘–氘、氘–氦三种聚变方式在理论上可行. 然后我们针对含氘的 6 种聚变方式建立了粒子平衡方程，分析了其参数空间，指出综合燃料稀缺性 (增殖难度)、增益条件的容易度、中子防护难度，认为最可能实现商业化聚变的是 D-D-^{3}He. 最后，我们针对氢–硼聚变，分析了一个含氦灰及能量交换得更细致的模型，进一步指出了氢–硼聚变的难度以及需要优先突破的限制条件.

整体而言，对于磁约束聚变，强磁场可以改善对比压的要求，从而紧凑地达到高参数. 但对于先进燃料，强磁场会带来过强的回旋辐射，需要高效的回旋辐射回收技术. 由于非氘–氚聚变相较于氘–氚聚变在数量级上的困难，许多聚变科学家默认聚变能源就是通过氘–氚聚变实现的. 这在 Wesson (2011) 的经典大作 *Tokamak* 一书中体现得尤为明显——全书都是围绕氘–氚聚变相关问题展开讨论的. 而经济性的要求又导致不能密度过低，况且若采用极低密度，则会产生更长的约束时间要求. 回旋辐射有可能通过优化磁场位形，以中心磁场低、边界磁场高的方式来大幅降低，这是因为磁约束的比压限制是针对平均 $\beta \leqslant 1$，而非局部 β 的. 在附录 A 中我们针对场反位形的平衡进行了一些讨论，如果能大幅提升聚变反应率，就有可能降低磁约束聚变条件. 然而，根据复杂的 Fokker-Planck 碰撞模型计算，绝大多数构想的非热化分布无法维持聚变增益，Rider (1995) 对此进行了较详细的讨论，指出维持非热化分布所消耗的能量大于聚变产出的能量. 因此，能否实际构造出可行的非热化分布依然值得探讨.

本章讨论的主要内容是均匀分布的情况，对于温度、密度非均匀的效应，附录 B 针对托卡马克位形建立了一个更贴近具体实验装置的模型. 在该模型中，非均匀性分布对聚变功率和辐射的影响有一定差别，因而相对比值与均匀情况存在一定变化，从而产生了一定的优化空间.

本章要点

★ 对于磁约束聚变，D-T、D-D、D-^{3}He 聚变均有一定可行性；

★ p-^{11}B 聚变的条件极为苛刻，实现难度极大，需在多个方向上实现技术的大幅提升；

★ 综合考虑燃料稀缺性（增殖难度）、实现增益条件的难易、中子防护难度，最可能实现商业化聚变的是 D-D-^{3}He；

★ 如果要求中子含量极低，则只能选 p-^{11}B，此时需要在热离子模式、反应率提升、辐射回收、等离子体约束等多个方面进行突破.

第5章

惯性约束聚变参数区间

惯性约束指不外加约束，靠质量的惯性进行约束，使得聚变反应在这个飞散的短时间内完成，释放能量. 由于约束时间短，因此通常密度极高才能达到聚变增益条件. 本章建立最简单的模型，探讨惯性约束的最低条件. 就物理模型而言，惯性约束通常属于高能量密度区间，一些量子和相对论效应较为明显，在辐射、状态方程、能量沉积、反应率等方面都可能比磁约束的经典物理区间复杂. 不过，我们这里不考虑那些复杂机制，而把这些潜在的因素归入少数几个因子中.

惯性约束相较于磁约束，从零级量角度而言最关键是少了 β 的限制，从而磁场可以很低，回旋辐射也可以忽略. 尽管实际中会有磁场产生，使得回旋辐射并不一定能被忽略，但由于密度高，韧致辐射有一定光学厚度，能少量回收. 这里我们先不考虑辐射.

尽管很早就有人提出惯性约束的方案，但一般把 1972 年 (Nuckolls, 1972) 看作激光惯性约束的元年. 对氢弹也属于惯性约束，其物理原理比本章讨论的要更加复杂，将在后续章节讨论. 对惯性约束详细全面的讨论可参考 Atzeni (2004)、王淦昌 (2005)、Pfalzner (2006) 等著作.

5.1 最简单模型判据

惯性约束方案，主要是对燃料的质量约束，其约束时间约为等离子体以离子声速从边界传到中心的时间，通常极短. 正因为约束时间极短，所以需要极高密度才能达到聚变增益条件. 离子声速为①

$$c_s = \sqrt{\frac{k_B T_e}{m_i}} = 3.10 \times 10^5 \sqrt{\frac{T_e}{A_i}}\ (\mathrm{m \cdot s^{-1}}), \tag{5.1}$$

其中，m_i 为平均离子质量，后一个等式中温度 T_e 单位为 keV. 严格来说，m_i 的平均方式比较复杂，我们采取简化的做法，取 $m_i = \frac{\sum_j n_j A_j}{\sum_j n_j} m_p = A_i m_p$，$m_p$ 为质子质量，n_j 为各离子组分的密度，A_j 为各离子组分的质量数. 对于等比例的氘–氚，$m_i = 2.5m_p$.

图 5.1 示意了压缩后的初始时刻靶丸等离子体密度 $n(r)$ 均匀分布情况，半径为 R，然后稀疏波往内传播，使得靶丸逐步解体，靶丸波前位置的瞬时半径为

$$r(t) = R - c_s t. \tag{5.2}$$

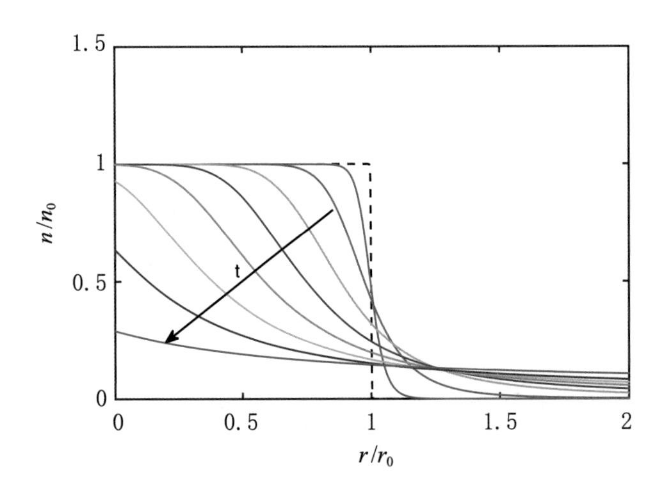

图 5.1　惯性约束聚变的密度剖面 $n(r)$ 随时间 t 变化的示意图

(温度和压强的剖面也类似)

① 部分文献取 $c_s = \sqrt{2k_B T_e/m_i}$，不影响对量级的估算.

也即,质量约束时间:

$$\tau_c = \frac{R}{c_s}. \tag{5.3}$$

对于 $R = 1\,\text{mm}$,$T = 10\,\text{keV}$ 的氘–氚靶丸,可得 $c_s = 6.19\times10^5\,\text{m}\cdot\text{s}^{-1}$,$\tau_c = 1.6\times10^{-9}\,\text{s}$,也即典型的惯性约束聚变的约束时间在纳秒($1\,\text{ns} = 10^{-9}\,\text{s}$)级别;离子数密度 n_i 与质量密度 ρ 关系为 $n_i = \rho/m_i$,得

$$n_i\tau_c = \frac{1}{m_i c_s}\rho R. \tag{5.4}$$

能量增益:

$$G \equiv \frac{P_{fus}\tau_c}{E_{th}}, \tag{5.5}$$

其中单位体积内能 E_{th} 和聚变功率 P_{fus} 分别为

$$E_{th} = \frac{3}{2}k_B\sum_j n_j T_j, \tag{5.6}$$

$$P_{fus} = \frac{1}{1+\delta_{12}}n_1 n_2\langle\sigma v\rangle Y. \tag{5.7}$$

其中,Y 为单次核反应释放的能量大小;n_1 和 n_2 分别为两种离子的数密度;T_j 为各组分(含电子、离子)的温度. 当两种离子不同时 $\delta_{12} = 0$,相同时 $\delta_{12} = 1$.

假定所有组分温度相同以及 $x_1 = n_1/n_i$,$x_2 = n_2/n_i$,则得

$$n_i\tau_c = G\frac{\frac{3}{2}(x_1+x_2+Z_i)k_B T}{\frac{1}{1+\delta_{12}}x_1 x_2\langle\sigma v\rangle Y}, \tag{5.8}$$

也即

$$\rho R = G\frac{\frac{3}{2}(x_1+x_2+Z_i)}{\frac{1}{1+\delta_{12}}x_1 x_2\langle\sigma v\rangle Y}m_i^{1/2}(k_B T)^{3/2}. \tag{5.9}$$

图 5.2(a) 展示了 $G = 1$ 时不同聚变反应 ρR 随温度的变化. 可见,对于压缩后 $R = 0.1\,\text{mm}$ 的靶丸,D-T 密度需至少为 $10^3\,\text{kg}\cdot\text{m}^{-3}$,即固体密度. 考虑到惯性约束的驱动器效率,要有正能量增益,需至少 $G = 100 \sim 1\,000$,则典型的惯性约束聚变密度需在 $10^5 \sim 10^6\,\text{kg}\cdot\text{m}^{-3}$ 范围内. 若是氢–硼聚变,则 ρR 还需要高约 200 倍.

对惯性约束聚变而言,τ_c 与聚变反应特征时间 τ_{fus} 的相对比值较有意义,其中

$$\tau_{fus} = \frac{1}{\langle\sigma v\rangle n}. \tag{5.10}$$

从而

$$\frac{\tau_{\mathrm{c}}}{\tau_{\mathrm{fus}}}=\langle\sigma v\rangle n\frac{R}{c_{\mathrm{s}}}=\langle\sigma v\rangle\frac{\rho R}{m_{\mathrm{i}}c_{\mathrm{s}}}. \tag{5.11}$$

它可表征燃料的燃烧比例.

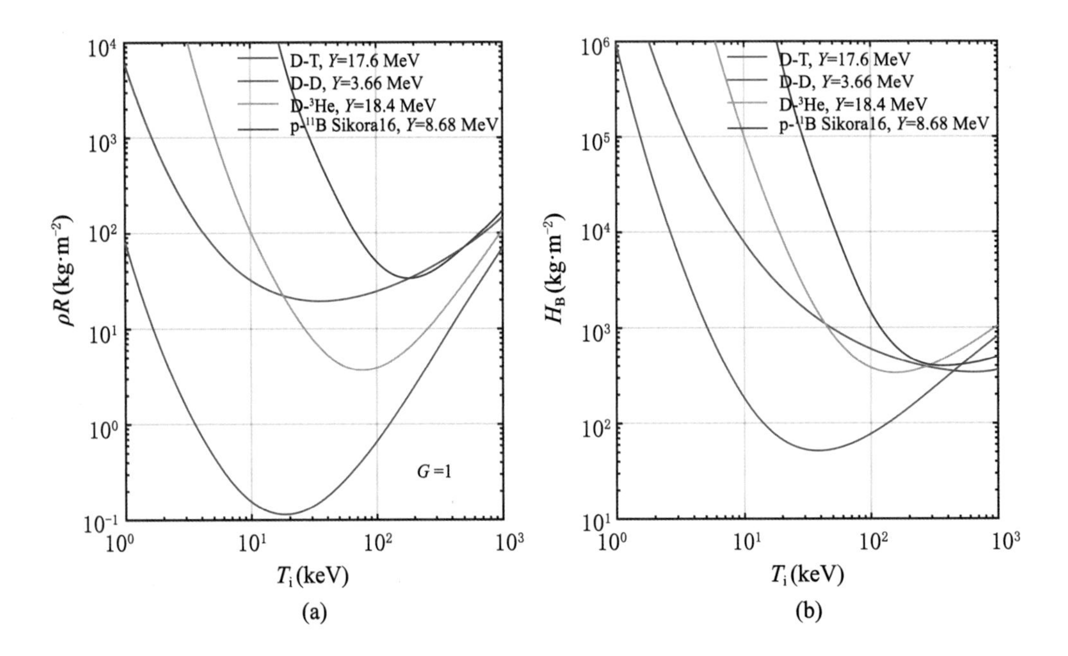

图 5.2　惯性约束聚变的 ρR 参数要求及 H_{B} 参数

(两种离子等比例)

5.2　考虑燃烧率的模型

就磁约束聚变而言,聚变功率密度是较有意义的度量;而对惯性约束聚变而言,"燃烧率"相对更重要,定义为

$$f_{\mathrm{b}}=\frac{N_{\mathrm{fus}}}{N_0}=\frac{N_0-N_{\mathrm{t}}}{N_0}, \tag{5.12}$$

其中, N_0 和 N_{t} 分别是初始时刻和 t 时刻剩余的粒子数. 靶丸等离子体中心燃烧后,聚变燃烧波迅速通过其余燃料向外传播并点燃外部等离子体,这个过程中等离子体并非可

全部发生聚变反应. 靶丸解体时间为

$$\tau_{\mathrm{s}}=\frac{R}{c_{\mathrm{s}}}, \tag{5.13}$$

其中,R 为压缩最终的靶丸半径. 如图 5.1 所示,我们假设只有密度和温度接近初始值的区域可发生聚变燃烧反应,在稀疏波使得燃烧停止前,燃料能够反应的平均时间为

$$\tau_{\mathrm{b}}=\frac{\int_0^{\tau_{\mathrm{s}}}\mathrm{d}tm(t)}{m_0}=\frac{\int_0^{\tau_{\mathrm{s}}}\left(\frac{4\pi\rho}{3}\right)(R-c_{\mathrm{s}}t)^3\mathrm{d}t}{\left(\frac{4\pi\rho}{3}\right)R^3}=\frac{R}{4c_{\mathrm{s}}}, \tag{5.14}$$

其中,m_0 是初始燃料质量,$m(t)$ 是剩余的压缩了的质量. 这里我们可以取简化的密度比 $x_1=x_2=\dfrac{1+\delta_{12}}{2}$,再由 $\rho=nm_{\mathrm{i}}$,近似可得

$$\rho R=\frac{8m_{\mathrm{i}}c_{\mathrm{s}}}{(1+\delta_{12})\langle\sigma v\rangle}\cdot\frac{f_{\mathrm{b}}}{1-f_{\mathrm{b}}}, \tag{5.15}$$

或

$$f_{\mathrm{b}}=\frac{\rho R}{H_{\mathrm{B}}+\rho R},\quad H_{\mathrm{B}}=\frac{8m_{\mathrm{i}}c_{\mathrm{s}}}{(1+\delta_{12})\langle\sigma v\rangle}. \tag{5.16}$$

上式在 $\rho R\ll 1$ 及 $\rho R\approx 1$ 时是准确的. 此时 $m_{\mathrm{i}}=A_{\mathrm{i}}m_{\mathrm{p}}, A_{\mathrm{i}}=\dfrac{A_1+A_2}{2}$. 对于 D-T 聚变,15~100 keV 时存在:

$$H_{\mathrm{B}}\approx 6\sim 10\quad(\mathrm{g}\cdot\mathrm{cm}^{-2}). \tag{5.17}$$

图 5.2(b) 展示了不同聚变反应 H_{B} 随温度的变化.

我们来看先进燃料的参数要求. 从图 5.2(b) 可看到,达到同样的燃烧率,先进燃料的 ρR 只需比氘–氚高 1 个数量级;然而从图 5.2(a) 所知,要达到同样的能量增益 G,先进燃料所需的 ρR 需比氘–氚高 1~3 个数量级;同时,先进燃料所需温度也比氘–氚聚变高 1 个数量级以上.

从图 5.2(b)可看到,对于 50%的氢–硼燃烧率,在 200 keV 时所需 $\rho R\approx 500\,\mathrm{kg}\cdot\mathrm{m}^{-2}$,也即对于压缩后 $R=0.1\,\mathrm{mm}$ 的等离子体靶丸,需要的密度为 $\rho\approx 5\times 10^6\,\mathrm{kg}\cdot\mathrm{m}^{-3}$,总离子质量为 $M=\rho\dfrac{4}{3}\pi R^3=2.1\times 10^{-5}\,\mathrm{kg}=21\,\mathrm{mg}$,离子数为 $N_{\mathrm{i}}=M/m_{\mathrm{i}}=M/(6m_{\mathrm{p}})=2.1\times 10^{21}$,释放的能量为 $E_{\mathrm{fus}}=\dfrac{1}{2}N_{\mathrm{i}}Y=1.45\times 10^9\,\mathrm{J}=1.45\,\mathrm{GJ}$. 作为对比固体硼的密度为 $2.3\times 10^3\,\mathrm{kg}\cdot\mathrm{m}^{-3}$,也即靶丸的密度需压缩到固体密度约 1 000 倍. 同时注意到 $\tau_{\mathrm{c}}=R/c_{\mathrm{s}}=0.06\,\mathrm{ns}$ 释放的聚变能量已约相当于 350 kg 的 TNT 爆炸的能量或 400 度电能. 这样的能量释放率是否还属于可控聚变能源还需进一步评估. 增大靶丸半径可降低对密度压缩率的要求,但会进一步增加单次释放的能量大小. 因此为了将能量释放量控制在可控范围内,只能进一步加大压缩率.

表 5.1 列出了可控聚变 4 种典型燃料对应的惯性约束燃烧率 H_B 参数.

表 5.1 不同聚变燃料的惯性约束燃烧率 H_B 参数 (Atzeni, 2004, p46)

聚变反应	理想点火温度 (keV)	H_B^{min} $(g \cdot cm^{-2})$	$T(H_B^{min})$ (keV)	放能 $(GJ \cdot mg^{-1})$
D-T	4.3	7.3	40	0.337
D-D	35	52	500	0.088 5
D-^{3}He	28	51	38	0.035 7
p-^{11}B	-	73	250	0.069 7

Atzeni (2004, chap2) 对上述惯性约束模型和计算有更细致的讨论,含对先进燃料的讨论,可参考阅读.

5.3 能量效率

驱动器可远离反应堆同时操作和维修灵活性是 ICF 用于能源的两大优点. 然而其较大的一个缺点是能量转换效率较低. 类似图 3.11,针对惯性约束发电的聚变堆,我们可以细化其能量转换过程,如图 5.3 所示,能量源到驱动器效率,驱动器到加热等离子体效率.

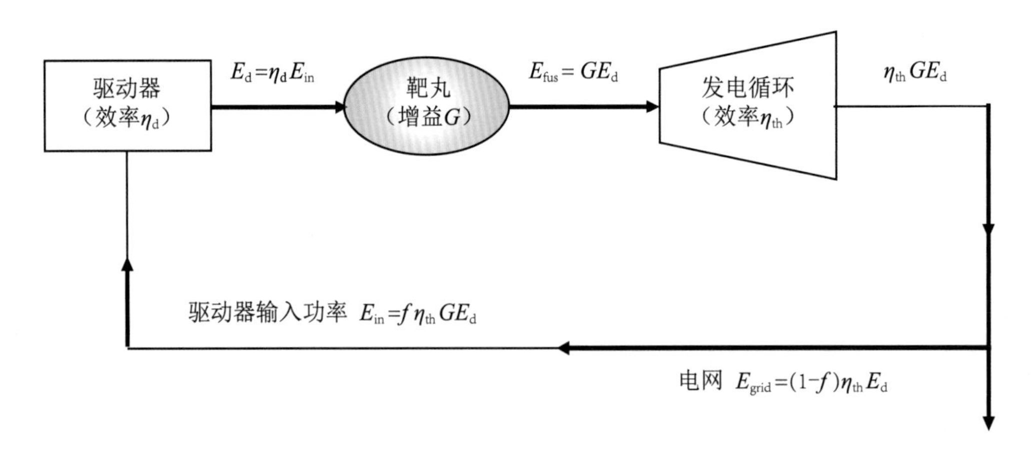

图 5.3 惯性约束聚变发电的能量转换图

驱动器效率为 η_d,则 $E_d = \eta_d E_{in}$;聚变靶增益为 G,则 $E_{fus} = GE_d$;电厂发电效率为 η_{th},则能量 $E_{th} = \eta_{th} GE_d$,其中一部分电能(份额 f)提供给驱动器,则实际并入电网能量 $E_{grid} = (1-f)\eta_{th}GE_d$. 这样循环的能量平衡 $f\eta_{th}GE_d = E_{in}$,得到 $f\eta_{th}\eta_d G = 1$,通常 f 约为 50%,η_d 约为 10%,η_{th}约为40%,则 $G > 50$. 即,对于惯性约束,要实现发电,则图 5.2(a) 计算的 ρR 参数需再提高到 G 的 50 倍以上.

惯性约束不同的驱动手段的差别,主要体现在驱动器的能量转换效率上,比如激光一般为 4% ~ 8%,重离子可为 20% ~ 30%. 对于单次放能 100 MJ 的,则需每秒 10 次脉冲,才能实现 1 GW 的聚变电站. 这样的低能量转换效率,会造成巨大的能量浪费;而脉冲发电如何实现经济性的有效换靶,也是较大的挑战. 惯性约束聚变能源的可实现性很大程度上依赖于驱动器,表 5.2 对比了常见 4 种驱动器的特点(王淦昌,2005).

表 5.2　惯性约束聚变驱动器对比 (王淦昌, 2005)

	激光	电子束	轻离子束	重离子束
优点	高强度 焦斑小 多种脉宽 可倍频 易传输 技术先进	效率高 加速器技术简单 造价低	高能/脉冲 高效率 经典能量沉积 无热电子 技术简单 造价低	高能/脉冲 高效率 经典能量沉积 高重复频率 强度要求低于轻离子束
缺点	效率低 能量低/脉冲 产生热电子 能量吸收差 价格高 重复频率低	脉冲长 产生 X 射线 能量吸收差 传输难 聚焦难	强度低 聚焦和传输尚不清楚	造价贵 聚焦和传输尚不清楚

快点火、中心点火,在一定程度上能稍降低驱动器的要求.2022 年 12 月,美国劳伦斯利弗莫尔国家实验室国家点火装置(NIF),首次实现了聚变产出的能量大于激光输入的能量,输入的激光能量为 2.05 MJ,获得 3.15 MJ 的聚变能量产出. 然而这 2.05 MJ 的激光能量是约 300 MJ 的电能转换而来的,即激光器的能量转换效率尚不到 1%.

本章小结

本章讨论了惯性约束聚变的定量判据，它是劳森判据的变体，把对密度和约束时间乘积 $n\tau_\mathrm{E}$ 的要求变为对密度和靶丸半径乘积 ρR 的要求. 其遇到的关键困难是，如果需要聚变单次产出的能量低到可控的范围，比如 1~100 MJ 级别，需要靶丸半径 R 很小，则此时对密度 ρ 则要求很高，即对压缩率要求很高，需压缩到固体密度的 1 000 倍以上，甚至更高. 这对驱动器的强度、聚焦度、能量效率，均提出很高的要求.

目前惯性约束的经济发电还缺乏完整可行的方案，而且除了这里提到的零级量外，惯性约束中的不稳定性等问题也是尚待解决的.

本章要点

★ 惯性约束聚变没有比压限制，也没有回旋辐射的限制，甚至对轫致辐射不透明，从而可能忽略辐射损失，因而理论上的限制比磁约束少；

★ 惯性约束聚变的约束时间受离子声波速度限制，从而 ρR 有最低要求；

★ 惯性约束的驱动器效率尚较低，这使得 ρR 的要求比理论下限又要提高几十甚至几百倍；

★ 惯性约束 D-T 聚变的典型靶丸密度为固体密度的 1 000 倍，氢–硼聚变的则为 10^5 倍；

★ 如何实现惯性约束脉冲式发电的经济性也还是一个难点.

第 6 章

磁惯性约束聚变参数区间

磁惯性约束是期望结合惯性约束的高密度和磁约束的长约束时间，进而更经济地实现聚变能源. 其基本过程是，首先借助某种方式产生初始等离子体，再在短时间内快速压缩等离子体达到聚变条件，该过程中有一定的磁场约束从而可能使得约束时间长于常规惯性约束.

本章建立最简单的模型，探讨磁惯性约束的最低条件.

6.1 简单模型参数估计

我们来考虑最简单的压缩模型，基于理想的守恒关系，以对参数范围有更定量的理解. 粒子数 $N = nV$ 守恒，其中 n 为等离子体的包含电子和离子之和的粒子数密度，V

为体积;磁通 $\psi = BS$ 守恒,其中 B 为磁场,S 为磁场穿过的有效截面积;绝热压缩 pV^γ 守恒,其中压强 $p = k_\mathrm{B}nT$,T 为温度;绝热系数取 $\gamma = 5/3$;压缩率 $C = R_0/R_\mathrm{f}$,其中 R_0 和 R_f 分别为压缩前后的等离子体在压缩方向的尺寸. 根据这三个守恒关系,我们针对 4 种从一维到三维的压缩方式,可列出压缩前后参数关系(表 6.1),分别为一维的直线压缩,如对撞的束流;二维的磁场在 θ 方向的柱,如 Z 箍缩. 二维的磁场在 z 方向的柱,如磁镜或场反位形. 三维的球,如球形托卡马克或者球马克. 图 6.1 所示为对应的压缩示意图.

表 6.1　磁惯性约束聚变压缩后的参数相对于压缩前的比值

参数	压缩前	压缩后	直线	柱 B_θ	柱 B_z	球
体积	V_0	V_f	C^{-1}	C^{-2}	C^{-2}	C^{-3}
面积	S_0	S_f	C^0	C^{-1}	C^{-2}	C^{-2}
密度	n_0	n_f	C^1	C^2	C^2	C^3
温度	T_0	T_f	$C^{\gamma-1}$	$C^{2(\gamma-1)}$	$C^{2(\gamma-1)}$	$C^{3(\gamma-1)}$
磁场	B_0	B_f	C^0	C^1	C^2	C^2
比压	β_0	β_f	C^γ	$C^{2\gamma-2}$	$C^{2\gamma-4}$	$C^{3\gamma-4}$

注:其中压缩率 $C = R_0/R_\mathrm{f}$.

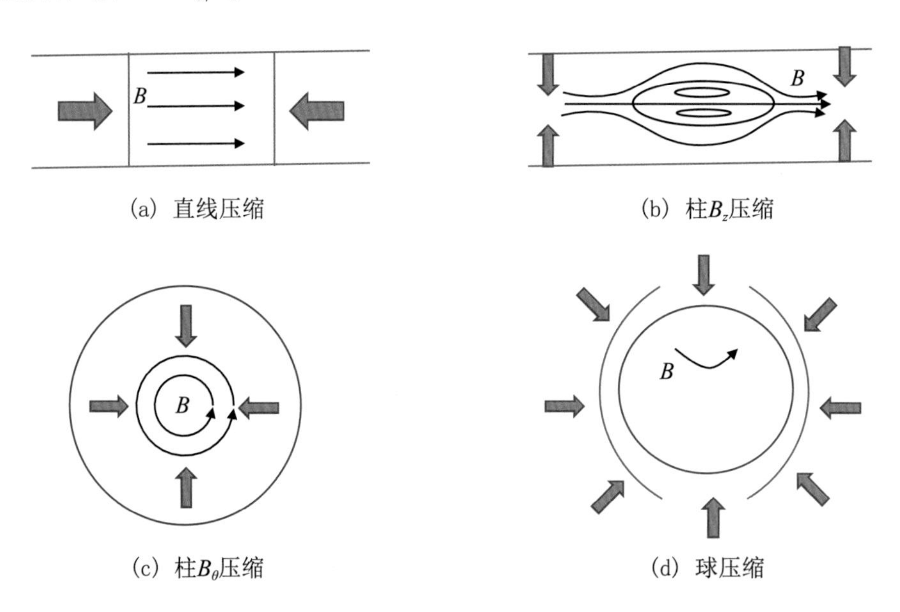

(a) 直线压缩　(b) 柱B_z压缩　(c) 柱B_θ压缩　(d) 球压缩

图 6.1　4 种磁化靶压缩方式示意图

为了使得模型完整,我们还需要几个额外的参数关系. 对于输入的驱动器能量 E_L,

按理想的无损失情况估计，为等离子体内能 E_{th} 和磁能 E_{B} 之和：

$$E_{\mathrm{L}} = E_{\mathrm{th}} + E_{\mathrm{B}} = E_{\mathrm{th}} \left[1 + \frac{2}{(3\beta_{\mathrm{f}})}\right], \tag{6.1}$$

$$E_{\mathrm{th}} = \frac{3}{2} k_{\mathrm{B}} n_{\mathrm{f}} T_{\mathrm{f}} V_{\mathrm{f}}, \tag{6.2}$$

实际的 E_{L} 值会大于上述值. 这个模型与磁约束和惯性约束模型中的区别在于增加了 E_{B} 项. 对于磁约束，接近准稳态，放电时间远长于能量约束时间，因此约束时间 τ_{E} 内 E_{B} 的功率消耗可忽略；对于惯性约束，磁场低，因此 E_{B} 也可忽略. 而对于磁惯性约束，一方面有较高磁场，另一方面每一炮的磁场都需要重新由驱动器提供，因此需包含 E_{B} 项.

本节是为了对磁惯性约束难度进行估计，我们先只考虑氘–氚聚变. 压缩的峰值 (dwell) 时间设为 τ_{dw}，并且假设聚变都发生在这个时间内，聚变释放能量为

$$E_{\mathrm{fus}} = \frac{1}{4} n_{\mathrm{f}}^2 \langle\sigma v\rangle \cdot Y \cdot \tau_{\mathrm{dw}} \cdot V_{\mathrm{f}}, \tag{6.3}$$

实际的 E_{fus} 值会小于上述值. 聚变单次放能 $Y = 17.6\,\mathrm{MeV}$. 为了简化，我们固定压缩后的温度为氘–氚聚变最佳温度 $T_{\mathrm{f}} = 10\,\mathrm{keV}$，此时聚变反应率 $\langle\sigma v\rangle \approx 1.1 \times 10^{-22}\,\mathrm{m}^3 \cdot \mathrm{s}^{-1}$. 聚变增益：

$$Q_{\mathrm{fus}} = \frac{E_{\mathrm{fus}}}{E_{\mathrm{L}}}. \tag{6.4}$$

由于等离子体体积 V_{f} 可以归一化掉. 故以上模型输入参数只有：初始密度 n_0、最终磁场 B_{f}、压缩的峰值时间 τ_{dw} 和压缩率 C. 其他为输出参数.

再考虑到磁场太高，回旋辐射损失大，且装置壁无法承受而破碎或融化；而磁场过低，则由于比压限制，无法达到高密度，从而就对约束时间要求高. 因此我们可设定 $B_{\mathrm{f}} = 100\,\mathrm{T}$. 如果我们期望充分利用磁约束的约束时间长的特点，那么需要 $\beta < 1$，我们同时也将讨论 $\beta \geqslant 1$ 的情况.

图 6.2 展示了一组典型的压缩参数，取 $\tau_{\mathrm{dw}} = 10^{-6}\,\mathrm{s}$ 和 $C = 10$，通常设计的基于 FRC 的套筒压缩方案的参数在其附近. 这是因为通常的驱动器功率在 100 MJ 以下，这限制了装置的大小和参数范围. 比如压缩过程肯定是极快的，超过 $10\,\mathrm{km{\cdot}s^{-1}}$，从而对于半径 10 cm 的装置，$\tau_{\mathrm{dw}} < 10^{-5}\,\mathrm{s}$，因此设定峰值时间 $\tau_{\mathrm{dw}} = 10^{-6}\,\mathrm{s}$ 是较合理的假设. 在这组参数下，可以看到四种典型位形要实现增益 $Q_{\mathrm{fus}} > 1$，均需较高的初始密度 ($n_0 > 10^{22}\,\mathrm{m}^{-3}$)，而对应的密度下已需要比压 $\beta_0 > 1$ 甚至还需 $\beta_{\mathrm{f}} > 1$. 这样的靶等离子体无法通过磁约束来提供，只能通过壁约束或惯性约束提供，如 MAGO (Garanin, 2015) 方案和 MagLIF 方案.

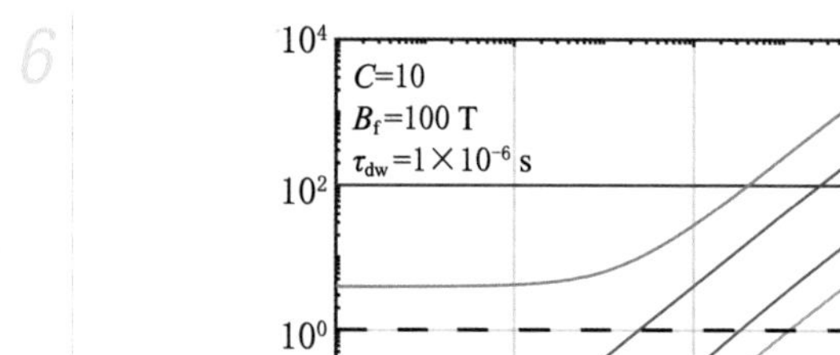

(a) 直线位形

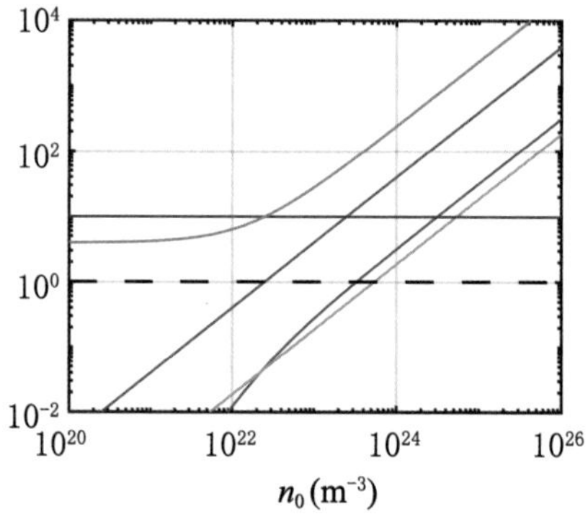

(b) 柱位形B_θ

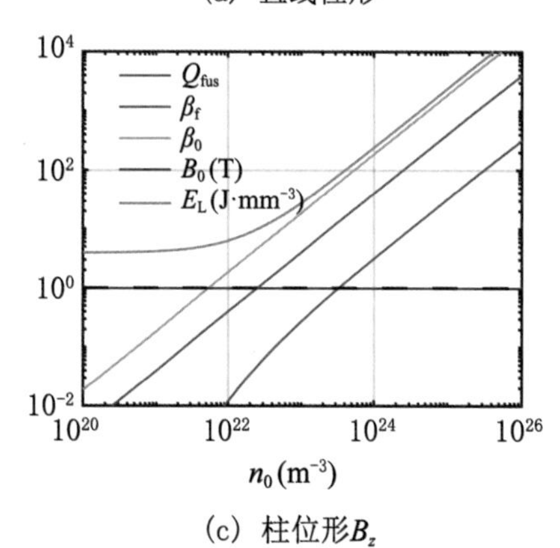

(c) 柱位形B_z

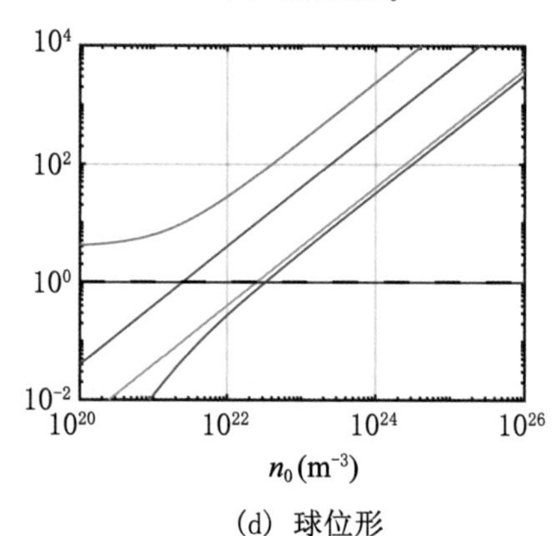

(d) 球位形

图 6.2 磁惯性压缩参数关系图算例一

(压缩参数为 $B_{\mathrm{f}} = 100\,\mathrm{T}$、$\tau_{\mathrm{dw}} = 10^{-6}\,\mathrm{s}$、$C = 10$ 时)

为了突破上述限制，我们考虑更大的峰值时间（$\tau_{\mathrm{dw}} = 10^{-4}\,\mathrm{s}$），及更大的压缩率 $C = 20$,结果如图 6.3 所示. 可以看到,此时的情况相较于图 6.2 有所改善. 对于柱 B_θ 压缩,初始密度 $n_0 \approx 4 \times 10^{21}\,\mathrm{m}^{-3}$ 附近有可满足 $Q_{\mathrm{fus}} > 1$ 且 $\beta < 1$ 的参数区间;对于球压缩 $n_0 \approx 2 \times 10^{20}\,\mathrm{m}^{-3}$ 为合适区间. 我们也注意到合适的参数区间非常窄,而上述的模型对 Q_{fus} 的计算过于理想,肯定是高于实际值的.

我们扫描更多参数,可以得出如下结论:

(1) 基于磁约束的靶等离子体进行压缩,只有压缩峰值时间足够大且初始密度足够高才有可能实现聚变增益,比如要求 $\tau_{\mathrm{dw}} \geqslant 10^{-4}\,\mathrm{s}$,这只能采用慢压缩的方式,而慢压缩将会有较大的输运损失使得模型中的守恒性假设不成立.

(2) 如果希望通过快压缩 $\tau_{\mathrm{dw}} \leqslant 10^{-5}\,\mathrm{s}$ 的方式设计磁惯性聚变能源，则必然需要

$\beta > 1$,这只有壁约束或惯性约束的初始等离子体才能实现,此时将需要另外的模型评估其可行性.

(3) 非氘–氚聚变的参数条件将比以上计算更为苛刻. 尽管 Lindemuth (2009) 的结果常常被用来说明 MTF 方案潜在的低成本优势,但 Lindemuth (2017) 也说明了难度,其结论与上述几个结论类似.

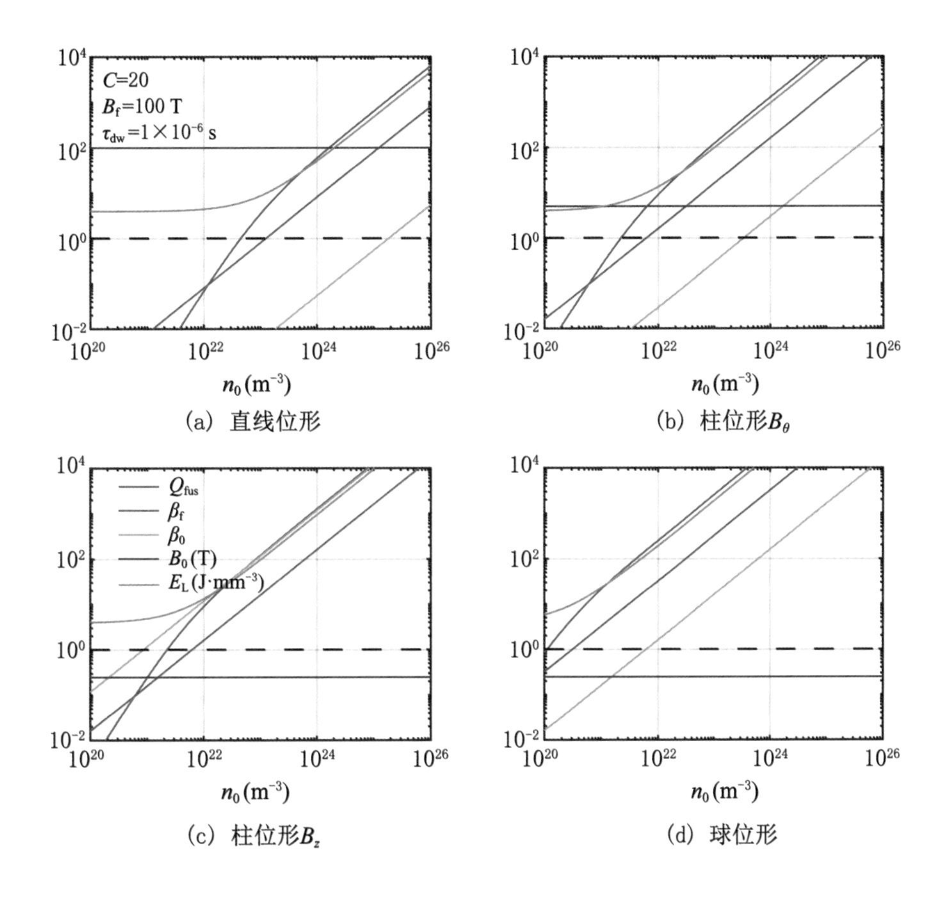

(a) 直线位形 (b) 柱位形B_θ

(c) 柱位形B_z (d) 球位形

图 6.3 磁惯性压缩参数关系图算例二

(压缩参数为 $B_f = 100\,\mathrm{T}$、$\tau_{dw} = 10^{-4}\,\mathrm{s}$、$C = 20$ 时)

综上,我们可认为磁惯性约束的参数区间很窄,利用磁约束的靶等离子体则无可能,利用惯性约束的靶等离子体则需用惯性约束的模型进行评估. 以上结果也可简单被一个问题代替:我们能否在大气密度($10^{25}\,\mathrm{m}^{-3}$)下,实现聚变温度($10 \sim 100\,\mathrm{keV}$),且约束时间超过毫秒($10^{-3}\,\mathrm{s}$)的等离子体? 如果能,那么非氘–氚的磁惯性约束聚变才有可能. 目前国际上聚变方案期望较多的是采用磁惯性的压缩方式,它们均需要通过上述模型检验零级的可行性，说明其方案能突破哪个条件，否则无论如何提高参数均无法实现聚变能源.

6.2 含压缩电路的模型

前一小节讨论了最简化模型下磁惯性约束可能的参数区间. 这里我们考虑一个更实际的情况，模型主要参考 Dahlin (2004)，其他磁化靶方案，可以参考本例进行建模分析. 这里考虑电容器电路驱动的 z 方向电流的金属套筒（liner）压缩 FRC 靶等离子体的方案. 这是因为 FRC 高比压、易转移、易压缩，是非常有代表性的磁约束靶等离子体.

6.2.1 模型方程

我们采用柱坐标 (r,θ,z)，套筒厚度：

$$d(R) = -R + \sqrt{R^2 + d_0^2 + 2R_0 d_0}, \tag{6.5}$$

其中，d_0 是套筒的初始厚度，R 为套筒的内半径，R_0 为初始内半径. 套筒运动方程：

$$\rho \frac{\mathrm{d}\boldsymbol{v}}{\mathrm{d}t} = \boldsymbol{j} \times \boldsymbol{B} - \nabla p, \tag{6.6}$$

其中，ρ 为套筒的质量密度，$\boldsymbol{v}$ 为径向速度，$\boldsymbol{j}$ 为套筒内的电流密度，p 为压强（内部的等离子体压强和磁压强），$\boldsymbol{B}$ 为磁场：

$$\boldsymbol{B} = \frac{\mu_0 I(r)}{2\pi r}\hat{\boldsymbol{\theta}}. \tag{6.7}$$

由于套筒电流在 $\hat{\boldsymbol{z}}$ 方向，所以磁场在 $\hat{\boldsymbol{\theta}}$ 方向. 这里我们忽略了 FRC 本身在 θ 方向磁场的分量.

假设 $\boldsymbol{v}$ 是均匀的，零维的套筒运动方程如下：

$$\rho d \frac{\mathrm{d}^2 R^*}{\mathrm{d}t^2} = -\frac{\mu_0 I^2}{8\pi^2 (R+d)^2} + \left(2neT + \frac{B_z^2}{2\mu_0}\right). \tag{6.8}$$

其中,R^* 为径向质量分布的中心半径

$$R^* = \frac{\int_R^{R+d}(r2\pi r)\mathrm{d}r}{\int_R^{R+d}(2\pi r)\mathrm{d}r} = \frac{2}{3}\cdot\frac{3R^2+3Rd+d^2}{2R+d}. \tag{6.9}$$

套筒有可能部分或者完全融化甚至气化,我们暂时忽略这种效应.

假设等离子体的分布是均匀的,等离子体的体积在压缩过程中满足:

$$\frac{V(R)}{V_0} = \frac{R^\delta}{R_0^\delta}, \tag{6.10}$$

其中,标度因子 δ 可根据情况选择,比如纯径向压缩则 $\delta=2$,对于 FRC 则大致 $\delta=2.4$,对于其他位形可针对性调整.

温度可由能量平衡决定

$$3ne\frac{\mathrm{d}T}{\mathrm{d}t} = -p\cdot\nabla\boldsymbol{v} + P_\alpha - P_{\mathrm{rad}}, \tag{6.11}$$

其中,n 为等离子体数密度,e 为单位电荷,T 为以 eV 为单位时的温度. 我们假定了聚变 α 产物的能量 P_α 能全部沉积及只考虑轫致辐射,则

$$P_{\mathrm{rad}} = 1.692\times10^{-38}n_{\mathrm{e}}(n_{\mathrm{H}}+4n_{\mathrm{He}})\sqrt{T}, \tag{6.12}$$

其中,n_{e} 为电子密度,n_{He} 为 α 粒子密度,并且忽略杂质. 以上能量沉积和能量损失,是最乐观的情况,因此后续计算的能量增益会比实际能做到的值偏大. 对方程进行平均,可得

$$\langle p\nabla\cdot\boldsymbol{v}\rangle = \frac{1}{V}\iiint(p\nabla\cdot\boldsymbol{v})r\mathrm{d}r\mathrm{d}\theta\mathrm{d}z = \frac{p}{V}\cdot\frac{\mathrm{d}V}{\mathrm{d}t}. \tag{6.13}$$

用 $p=2neT$,得到

$$\frac{\mathrm{d}T}{\mathrm{d}t} = -\frac{2T\delta}{2}\cdot\frac{\dot{R}}{R} + \frac{\delta(P_\alpha - Prad)}{3ne}. \tag{6.14}$$

等离子体密度

$$\frac{\mathrm{d}n_H}{\mathrm{d}t} = \frac{\mathrm{d}}{\mathrm{d}t}\left(\frac{n_{\mathrm{H}}}{V}\right) = \frac{1}{V}\cdot\frac{\mathrm{d}N_H}{\mathrm{d}t} + N_{\mathrm{H}}\frac{\mathrm{d}V^{-1}}{\mathrm{d}t}, \tag{6.15}$$

其中,N_{H} 为氢离子的总数目,有

$$\frac{1}{V}\cdot\frac{\mathrm{d}N_{\mathrm{H}}}{\mathrm{d}t} = -n_{\mathrm{D}}n_{\mathrm{T}}\langle\sigma v\rangle_{\mathrm{DT}}, \tag{6.16}$$

其中,n_{D} 和 n_{T} 是氘和氚的密度,这里取 $2n_{\mathrm{D}}=2n_{\mathrm{T}}=n_{\mathrm{H}}$. 又由

$$N_{\mathrm{H}}\frac{\mathrm{d}V^{-1}}{\mathrm{d}t} = -\frac{N_{\mathrm{H}}}{V^2}\cdot\frac{\mathrm{d}V}{\mathrm{d}t} = -\frac{\delta n_{\mathrm{H}}}{R}\cdot\frac{\mathrm{d}R}{\mathrm{d}t}, \tag{6.17}$$

可得

$$\frac{\mathrm{d}n_{\mathrm{H}}}{\mathrm{d}t} = -n_{\mathrm{D}}n_{\mathrm{T}}\langle\sigma v\rangle_{\mathrm{DT}} - \frac{\delta n_{\mathrm{H}}}{R}\frac{\mathrm{d}R}{\mathrm{d}t}. \tag{6.18}$$

等离子体密度 $n = n_{\mathrm{H}} + n_{\mathrm{He}}$,其中

$$n_{\mathrm{He}} = \frac{1}{2}\left(n_0\frac{R_0^{\delta}}{R^{\delta}} - n_{\mathrm{H}}\right). \tag{6.19}$$

我们再来考虑驱动电路的方程. 假设电路的电容为 C,总电阻为 R_C,对总电路而言,电感为

$$L = \frac{\mu_0 l}{2\pi}\ln\left(\frac{a}{R+d}\right), \tag{6.20}$$

其中,l 为套筒的长度;a 为回路的半径;由于 R 在压缩过程中是变化的,因而 L 也随时间变化的. 基尔霍夫定律给出

$$u_C + u_L + u_R = 0. \tag{6.21}$$

电感的电压为

$$u_{\mathrm{R}} = \frac{\mathrm{d}}{\mathrm{d}t}(LI) = L\frac{\mathrm{d}I}{\mathrm{d}t} + I\frac{\mathrm{d}L}{\mathrm{d}t}. \tag{6.22}$$

电流为

$$I(t) = C\frac{\mathrm{d}u_C}{\mathrm{d}t}. \tag{6.23}$$

再加上欧姆定律 $u_R = R_C I(t)$,最终得到电路方程为

$$\frac{\mathrm{d}^2 u_C}{\mathrm{d}t^2} = \left[\frac{\mu_0 l}{2\pi L(R+d)}\cdot\frac{\mathrm{d}R}{\mathrm{d}t} - \frac{R_C}{L}\right]\frac{\mathrm{d}u_C}{\mathrm{d}t} - \frac{1}{LC}u_C. \tag{6.24}$$

组合上述方程,可得到完整自洽的常微分方程组,由六个一阶常微分方程组成

$$\frac{\mathrm{d}q_1}{\mathrm{d}t} = q_2, \tag{6.25}$$

$$\frac{\mathrm{d}q_2}{\mathrm{d}t} = -\frac{\mu_0 I^2}{8\pi^2\rho d(R+d)^2} + \frac{2neT}{\rho d} + \frac{B^2}{2\mu_0\rho d}, \tag{6.26}$$

$$\frac{\mathrm{d}q_3}{\mathrm{d}t} = (P_\alpha - P_{\mathrm{rad}})\frac{R^{2\delta/3}}{3ne}, \tag{6.27}$$

$$\frac{\mathrm{d}q_4}{\mathrm{d}t} = -\frac{1}{4}R^{\delta}n_{\mathrm{H}}^2\langle\sigma v\rangle_{\mathrm{DT}}, \tag{6.28}$$

$$\frac{\mathrm{d}q_5}{\mathrm{d}t} = q_6, \tag{6.29}$$

$$\frac{\mathrm{d}q_6}{\mathrm{d}t} = \left[\frac{\mu_0 l}{2\pi L(R+d)}\cdot\frac{\mathrm{d}R}{\mathrm{d}t} - \frac{R_C}{L}\right]q_6 - \frac{1}{LC}q_5, \tag{6.30}$$

其中，变量 q_i 为

$$q_1 = R^*, \quad q_2 = \frac{\mathrm{d}R^*}{\mathrm{d}t}, \quad q_3 = R^{2\delta/3}T, \quad q_4 = n_{\mathrm{H}}R^{\delta}, \quad q_5 = u_C, \quad q_6 = \frac{I}{C}. \tag{6.31}$$

每一炮的能量增益与燃烧率 f_{b} 成正比

$$f_{\mathrm{b}} = \frac{N_0 - N_{\mathrm{H}}}{N_0} = \frac{n_0V_0 - N_{\mathrm{H}}}{n_0V_0}. \tag{6.32}$$

输出的聚变能为

$$E_{\mathrm{fus}} = \frac{1}{2}f_{\mathrm{b}}n_0V_0Y, \tag{6.33}$$

其中，$Y = 17.6\,\mathrm{MeV}$ 为单次氘–氚聚变放能，主要的能量输入来自电容器

$$E_C = \frac{1}{2}Cu_0^2. \tag{6.34}$$

从而能量增益因子：

$$Q_{\mathrm{fus}} = \frac{E_{\mathrm{fus}}}{E_C}. \tag{6.35}$$

以上为完整的计算模型，我们可以针对不同参数进行优化，考察能实现多大的能量增益 Q_{fus}.

6.2.2 典型计算结果

图 6.4 和 6.5 分别展示了两种典型参数的计算结果，我们可以看到聚变增益均小于 1，也即未能达到科学可行性条件. 而其中最关键原因在于 dwell 时间太短，只有 1 微秒左右. 更大的驱动器会使得这个时间更短；过小的驱动器又不足以实现有效压缩.

该结果符合前一节简化模型的结果，并进一步展示了一个更实际的 MTF 聚变装置实现高聚变增益所要面临的困难.Dahlin (2004) 进行了更多参数扫描，最终发现只有少数几个参数可达到 $Q_{\mathrm{fus}} \approx 1$. 也即，要基于 FRC 的 MTF 方案实现聚变增益，在零阶量的原理上就有较大困难，最主要的是需要找到一种方式突破 dwell time 的限制. 以上模型我们已经假定了能量约束时间长于这个压缩的峰值时间，如果能量约束时间小于该时间，或者由于不稳定性导致等离子体大量损失，则将进一步增加该方案实现聚变增益的难度.

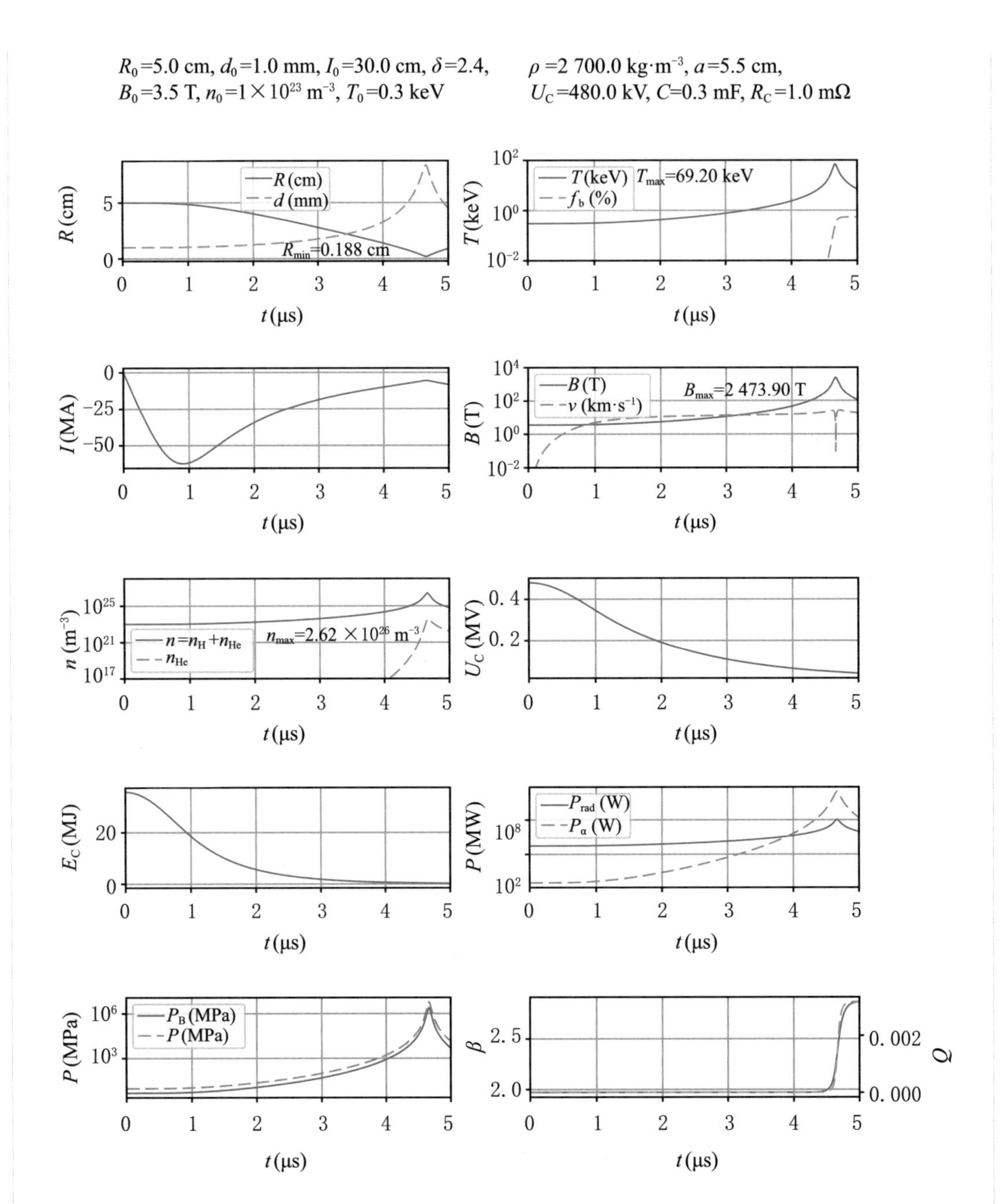

图 6.4　磁惯性约束聚变压缩过程典型算例一

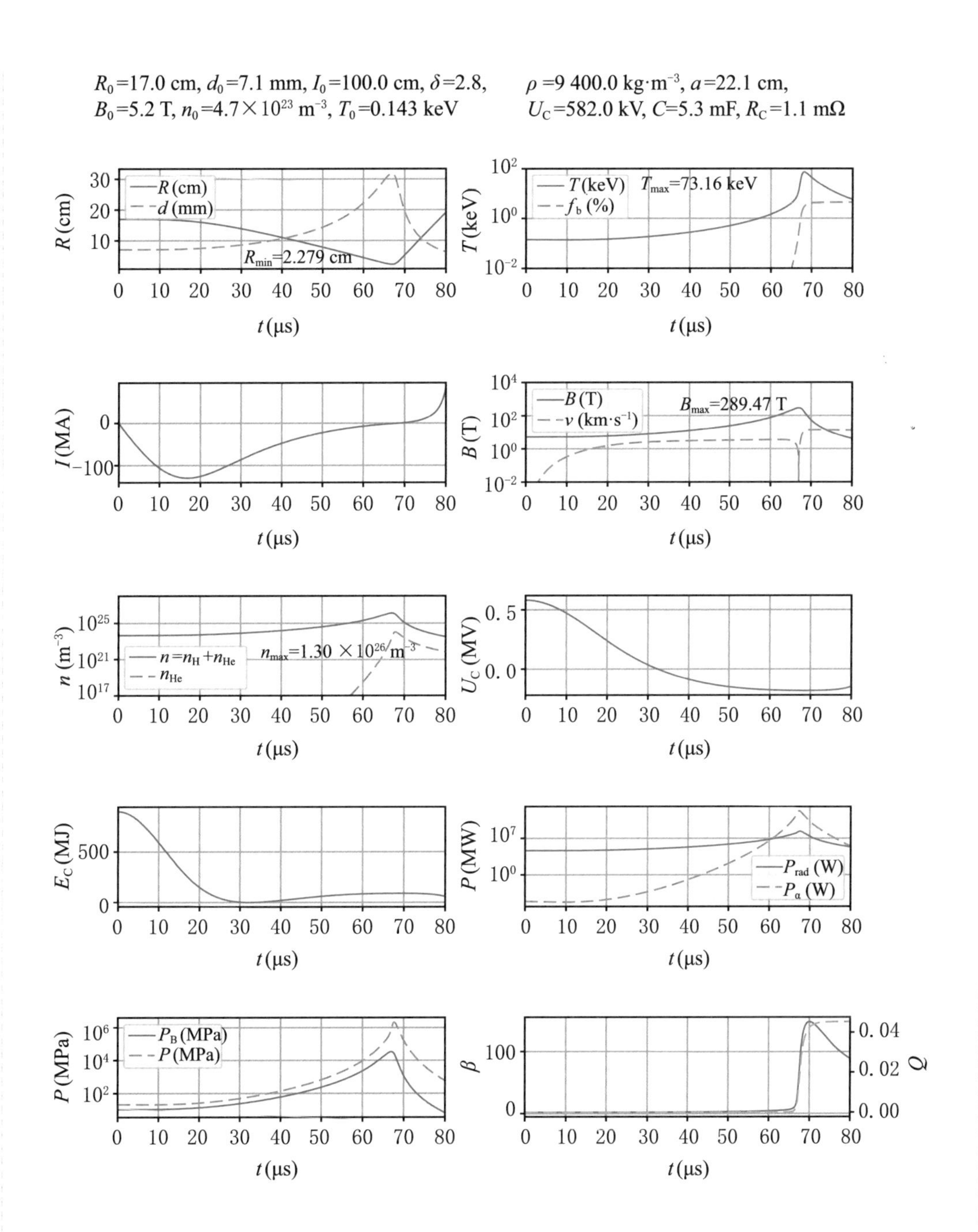

图 6.5　磁惯性约束聚变压缩过程典型算例二

本章小结

从对本章两个模型的分析中可以看到，由于压缩时间极短，又很难有数量级的提高，磁惯性约束面临的挑战并不比磁约束和惯性约束小. 尤其是如果采用磁约束的靶等离子体，则在较理想状况下最多只能勉强达到氘–氚聚变条件，几乎无法达到非氘–氚聚变条件. 最终，如果只能做氘–氚聚变，则面临的是材料和工程的问题. 如果要突破该限制，则只能考虑壁约束或者惯性约束的靶等离子体，其理论上限比磁约束靶等离子体高. 而难度在于壁约束的能损过快，存在如何对高温等离子体进行长时间约束的难题；而惯性约束则存在驱动器强度及效率问题.

事实上，不采用壁约束，主要并非壁无法承受高温（温度虽高，但热密度极低，热量也极低），而在于壁温低会快速冷却主等离子体，就像日光灯，其内部温度高达几千摄氏度甚至几万摄氏度，但并不会融化管壁. 对比平均自由程，将碰撞许多次，即使极低的损失率，也会快速损失，并且引入杂质.

从上述分析可知，要想提高密度，对聚变来说超高压强是必然的. 那么地球上天然的高压环境能否用来为聚变提供条件呢？很自然，我们想到海底的高压. 简单计算，马里亚纳海沟水深 $\approx 10^4\,\mathrm{m} \approx 10^3$ 大气压 $\approx 100\,\mathrm{MPa}$，而现有的磁约束聚变装置中采用的机械结构已接近材料承压极限，约 $10^3\,\mathrm{MPa}$. 可见，除了在地面做聚变堆外，寄希望于利用海底的高压环境做聚变堆并无优势，还不如进一步提高材料承压极限.

本章要点

★ 期望磁惯性约束能结合磁约束的约束时间长和惯性约束密度高的优点，从而能更经济地实现聚变能量增益；

★ 由于受比压及压缩时间的限制，磁惯性约束的增益并不乐观，在较理想情况下也只能做到氘–氚聚变的微弱增益，无法做到先进燃料的聚变能量增益；

★ 零级量的分析显示，磁惯性约束聚变的可行性不高于磁约束或惯性约束.

第 7 章

聚变方案评估

本章将讨论各种聚变方案的基本方式、能达到的参数及关键难点. 图 7.1 汇总了人类已经提出的及潜在的主要聚变方案,未列出的方案通常也是由图中列出的方案衍生的. 其中磁约束 MCF 是指通过磁场进行约束,通常约束时间长,但密度低;惯性约束 ICF 则是在惯性飞散时间内实现聚变反应,通常约束时间极短,密度极高;重力约束则是通过引力约束聚变燃料,如恒星;磁约束与惯性约束结合的方式称为磁惯性约束 MIF,或称为磁化靶约束 MTF;其他方式则包括冷聚变、晶格聚变等可归为壁约束;而 μ 子催化、自旋极化、雪崩反应、旋转、混合堆等,则只是在前述方式中提高反应率或改善约束或改进能量利用方式.

图 7.2 所示为目前各种实验方案已经达到的参数及计划达到的;同时可发现,有部分装置已经接近或超过氘–氚聚变科学可行性的临界线.

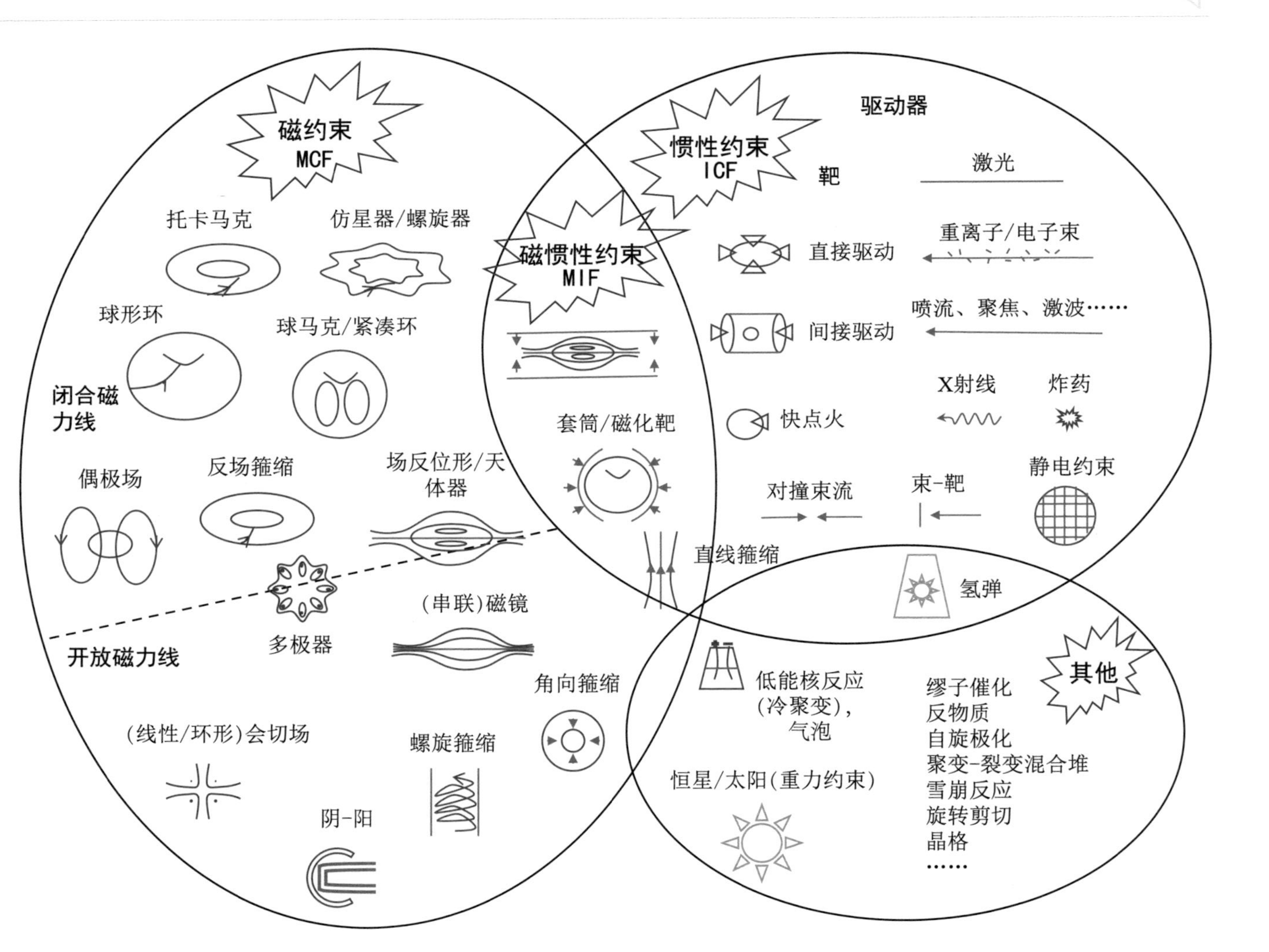

图 7.1　聚变方案动物园(其中恒星和氢弹属于已经成功实现聚变能量增益的方案)

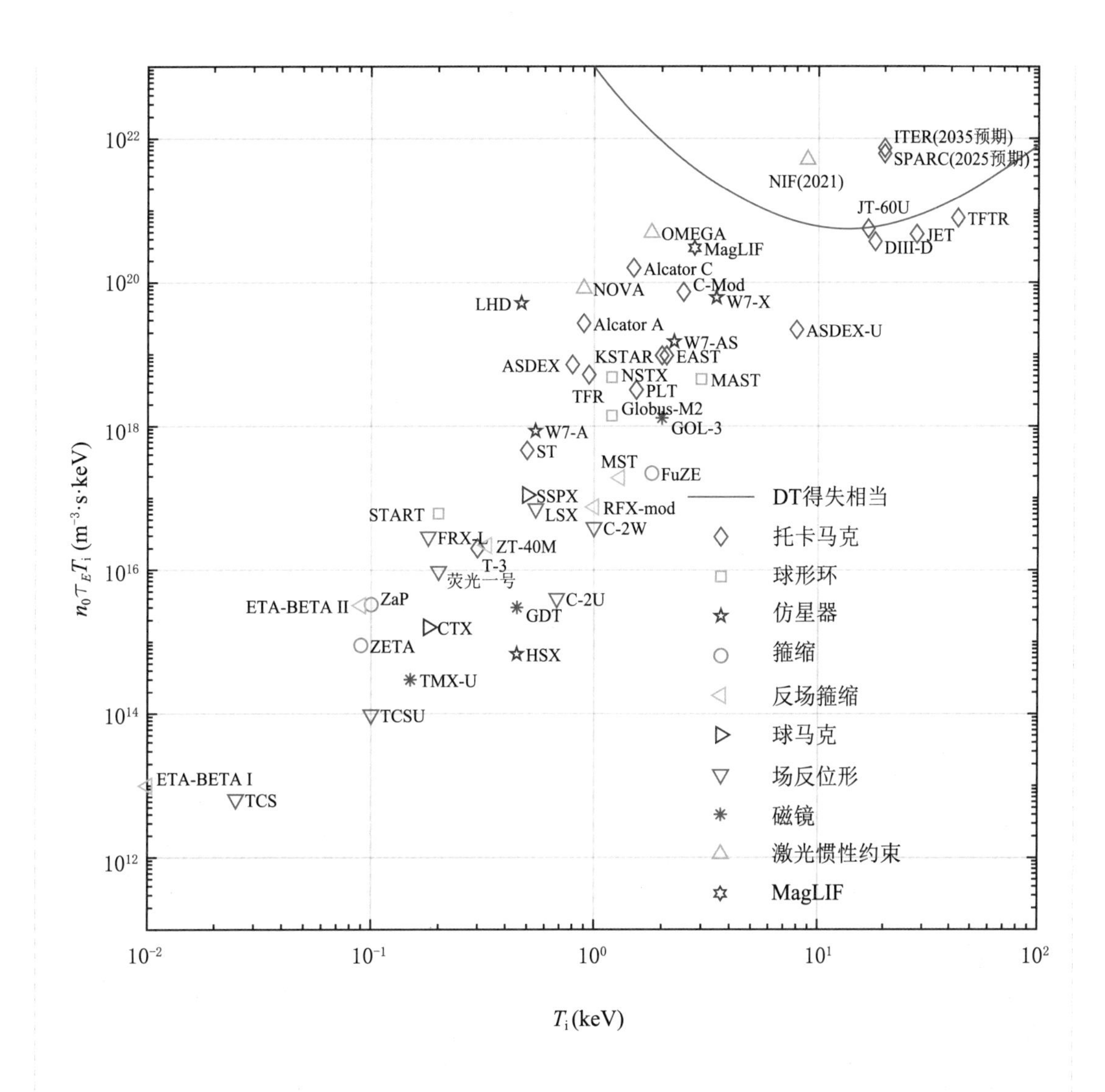

图 7.2 文献中给出的各实验装置所达到的参数 (Wurzel, 2022)

7.1 已实现的聚变能源装置

目前,只有恒星和氢弹属于成功实现能量增益的聚变方案,理论上可以认为是能源装置. 前者所需的条件在地球上无法实现,后者的能量释放尚不可控. 这里,我们对它们为何能实现聚变能量增益进行一些定量分析，以理解它们与其他聚变方案的区别.

7.1.1 恒星和太阳

恒星依靠重力约束，维持持续的聚变反应条件. 我们以太阳为例（图 7.3）进行一些定量计算.

太阳半径 $r = 6.96 \times 10^8\,\mathrm{m}$，约为地球的 109 倍；质量 $m = 1.99 \times 10^{30}\,\mathrm{kg}$，占太阳系的 99.86%；质量组分为氢 73%，氦 25%，剩下少量碳、氧、氖、铁等；平均密度为 $1.41 \times 10^3\,\mathrm{kg/m^3}$，中心部分密度估计值为 $1.62 \times 10^5\,\mathrm{kg \cdot m^{-3}}$.

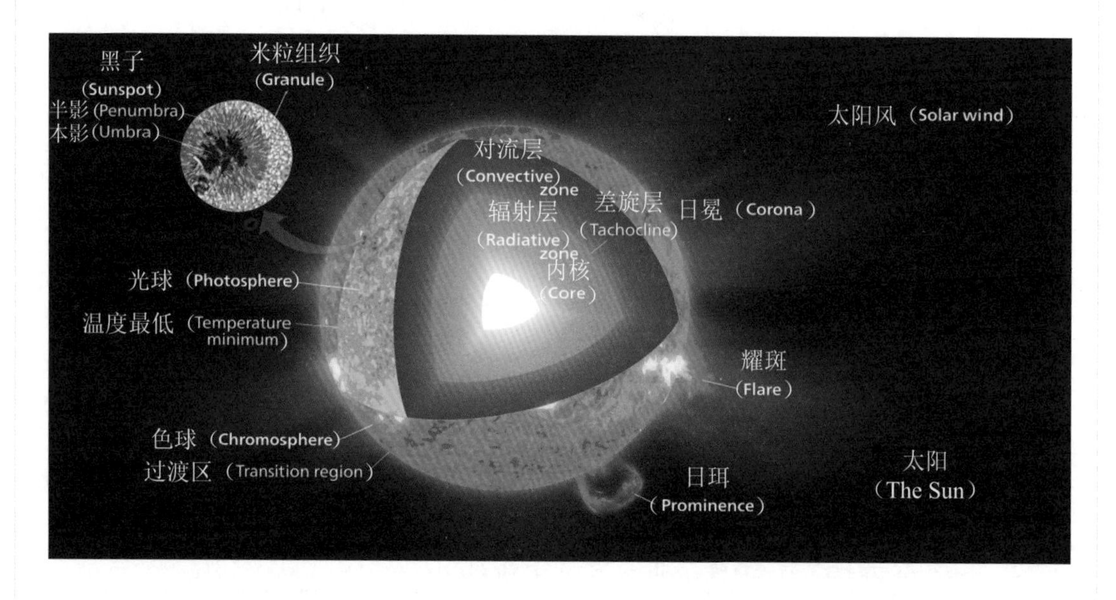

图 7.3　太阳模型 (Wikipedia)

研究认为，太阳半径约 24%的核心区产生了 99%的聚变能量（半径 30%处聚变几乎为零），平均密度 $1.5 \times 10^5\,\mathrm{kg \cdot m^{-3}}$，温度 1.3 keV（$1.5 \times 10^7\,\mathrm{K}$），表面温度 6 000 K. 太阳的能量绝大部分来自 p-p（质子–质子）链式聚变反应，只有 0.8%来自次一级的 CNO 循环反应. 核心区聚变的能量转换到外区各个层，最后在表面主要以辐射形势散发出去，其中少量会以太阳风等粒子的能量逃逸.

太阳辐射到地球外大气层的能量测量值约为 $1.36 \times 10^3\,\mathrm{W \cdot m^{-2}}$，离地球距离为

$R = 1.5 \times 10^{11}\,\mathrm{m}$,球的表面积为 $4\pi R^2$,从而太阳的总辐射功率约 $3.84 \times 10^{26}\,\mathrm{W}$.

将 p-p 反应链汇总到一个反应为

$$4\mathrm{p} + 2\mathrm{e}^- \longrightarrow 4\alpha + 2\nu_\mathrm{e} + 26.73\,\mathrm{MeV},$$

总质量的 0.7%转换为能量,其中少量由中微子携带. 假设辐射的能量全部来自 p-p 聚变反应,则可得每秒钟发生 9.0×10^{37} 次,共把 3.6×10^{38} 个质子转化为氦原子核. 而太阳的总质子数约为 8.9×10^{56} 个,每秒发生反应的只占比 4.0×10^{-19},每秒转换 $6.0 \times 10^{11}\,\mathrm{kg}$ 质子. 假定这些聚变反应都发生在 0.24 倍太阳半径的核心区, 则平均单位体积功率为 $20\,\mathrm{W}\cdot\mathrm{m}^{-3}$. 作为对比,人体正常新陈代谢功率约为 80 W. 因此,太阳的聚变反应率极低,但由于体积和质量巨大,使得总功率巨大.

核心区的聚变发生率是自平衡的:聚变率增大时,核心区被加热膨胀,使得密度降低从而聚变率降低;聚变率减小时,核心区冷却收缩,使得密度升高从而聚变率增大,于是,系统处于扰动平衡状态,维持当前的聚变反应速率.

鉴于 p-p 反应截面数据对温度敏感(Adelberger,2011),而太阳中心区的温度随半径是变化的(其温度、密度剖面也是通过理论模型给出的),因此通过反应率准确计算太阳的聚变功率有难度,但不妨碍我们进行估算. 其中反应率主要由第一个 p-p 反应限制,在核心区大致为 $10^{-51} \sim 10^{-49}\,\mathrm{m}^3\cdot\mathrm{s}^{-1}$;而释放的能量为一次 p-p 循环的总能量,为 $0.5 \times 26.73\,\mathrm{MeV}$. 通过前面的质量密度数据,计算得到核心区质子密度 $n_\mathrm{p} = 6.7 \times 10^{31}\,\mathrm{m}^{-3}$,体积 $V_\mathrm{c} = 2.0 \times 10^{25}\,\mathrm{m}^3$,聚变反应次数 $2N = 2n_\mathrm{p}^2\langle\sigma v\rangle_{\mathrm{p\text{-}p}}V_\mathrm{c}$,代入前面的 $N = 9.0 \times 10^{37}$,反算得到所需的反应率 $\langle\sigma v\rangle_{\mathrm{p\text{-}p}} \approx 4 \times 10^{-51}\,\mathrm{m}^3\cdot\mathrm{s}^{-1}$. 对于 0.5 keV、1.0 keV 和 1.3 keV 的温度,对应的 p-p 聚变反应率数据约为 $1.4\times10^{-51}\,\mathrm{m}^3\cdot\mathrm{s}^{-1}$、$4.5 \times 10^{-50}\,\mathrm{m}^3\cdot\mathrm{s}^{-1}$ 和 $1.3 \times 10^{-49}\,\mathrm{m}^3\cdot\mathrm{s}^{-1}$,在其估算所需的范围内.

在前文我们讨论劳森判据时,指出氢–硼反应的轫致辐射功率大于聚变反应功率,因而很难实现聚变能源. 那么太阳的 p-p 反应功率更低,为何不受劳森判据的限制呢? 这主要是因为恒星的巨大体积及强引力场,密度极高,使得辐射也能被约束回收利用,辐射是不透明的,轫致辐射平均自由程极短(第 3 章). 其适合的劳森判据是把第 2 章推导的辐射等损失和再利用都归入能量约束时间 τ_E 的判据. 即便如此,需要的 τ_E 也极为巨大,时间超过百万年,在地球上无法实现可控. 也即,人类要实现聚变能源“人造太阳”显然不是指采用太阳的 p-p 反应链来实现聚变能,仅仅是指实现可控聚变能,采用的燃料必然是反应截面高的少数几种燃料.

7.1.2 氢弹

氢弹,又称热核武器,属于第二代核武器. 主要利用氢的同位素(氘、氚)的核聚变反应所释放的能量来进行杀伤破坏,是威力强大的大规模杀伤性武器. 作为对比,第一代核武器原子弹,1945 年的“小男孩”的当量约为 1.3 万吨 TNT;而历史上威力最大的氢弹为 1961 年爆炸的“沙皇”,当量约 5 000 万吨 TNT,爆炸引起的蘑菇云约 60 km 高,160 km 外的建筑都因爆炸受损.

1952 年,美国在太平洋的恩尼威托克岛试验场进行了首次氢弹原理实验,核燃料为液态氘,不具实用性.1953 年,苏联进行了首次氢弹实验,实现了氢弹的实用化.1954 年,美国在比基尼岛进行了首次实用型氢弹实验,采用氘化锂作为聚变燃料.1957 年,英国在美国帮助下进行了氢弹实验.1966 年,中国进行了首次氢弹原理实验,并于次年完成了氢弹空爆实验.1968 年,法国进行了首次氢弹实验.

早期的裂变–聚变二相弹结构氢弹目前已经逐步退役,因其体积过大、威力远超过需求. 现存的氢弹总数超过 10 000 枚,其中大部分是裂变–聚变–裂变三相弹. 三相弹在氢弹的外壳上包上一层铀 238 材料,利用聚变产生的高能中子诱导铀 238 裂变,产生更多能量. 第三代核武器中的中子弹、冲击波弹等也属于经过了特化处理的氢弹. 目前氢弹的实验已经被禁止,主要以对聚变技术的研究来规避核不扩散条约,发展的方向主要以超小型化与干净化为主,从而减少辐射污染.

我们首先来了解一下原子弹或裂变核电站的原理. 原子弹采用可裂变的放射性燃料,如铀-235,其裂变过程产生更多中子,这些中子可进一步引发新的裂变. 只要裂变原料超过一定临界质量,也即产生的中子快于输运等过程逃逸的中子,就会引发链式反应,持续反应放能甚至爆炸. 原子弹的临界质量与密度的平方成反比,因此,控制引发链式反应可采取的方法有:把两块亚临界质量的裂变原料靠近到一起,超过临界质量;把亚临界质量的原料通过爆炸等方式压缩到高密度,降低临界质量;外加中子源或中子反射器使得临界质量降低.

能够以最少的物料到达临界质量的形状是球形. 如果在四周加以中子反射物料,临界质量可以更少. 有中子反射的球形铀-235 的临界点为 15 kg 左右,钚则为 10 kg 左右. 如果没有中子反射,铀-235 临界质量为 52 kg,临界直径为 17 cm. 当发生完全裂变时,1 kg 的铀-235 释放的能量相当于 1.7 万吨 TNT. 通常的原子弹,由于爆炸发生瞬间,链式反应远远没有进行完整,爆炸的材料就解体了,碎片化的铀或者钚又重新低于临界质量,且空隙变大,中子逃逸,只有较低的利用效率,以“胖子”和“小男孩”为例,它们的材料利用效率分别是 17%和 1.4%.

氢弹由原子弹引爆,原子弹受临界质量限制不能做得太小,因而即使是小型原子弹驱动的氢弹也会引起大规模的爆炸,所以氢弹也无法做到太小,从而无法实现能量可控释放. 据公开的信息,小型化氢弹最小只能到 1~10 千吨 TNT 当量.

氢弹的完整设计细节依然是严格保密的, 我们基于公开的信息进行一些定量探讨, 其工作过程见图 7.4 和图 7.5. 氢弹结构一般分为两级,初级为裂变启动,原料为 ${}^{235}_{92}\mathrm{U}$ 或 ${}^{239}_{94}\mathrm{Pu}$;次级为爆炸威力更大的聚变,原料为氘和氚,核反应为

$$\mathrm{D} + \mathrm{T} \longrightarrow \mathrm{n}(14.07\,\mathrm{MeV}) + {}^{4}\mathrm{He}(3.52\,\mathrm{MeV}),$$

或者更现代的为锂 ${}^{6}_{3}\mathrm{Li}$ 的氘化物,利用了核反应

$${}^{6}\mathrm{Li} + \mathrm{n} \longrightarrow \mathrm{T} + {}^{4}\mathrm{He} + 4.7\,\mathrm{MeV}$$

产生氚,其中热中子由裂变反应提供,反应截面可达 942 b,产氚效率高. 氘化锂是固体,不需要冷却压缩,制作成本低、体积小、重量轻、便于运载,并且能避免氚的半衰期短导致不易存储的问题.

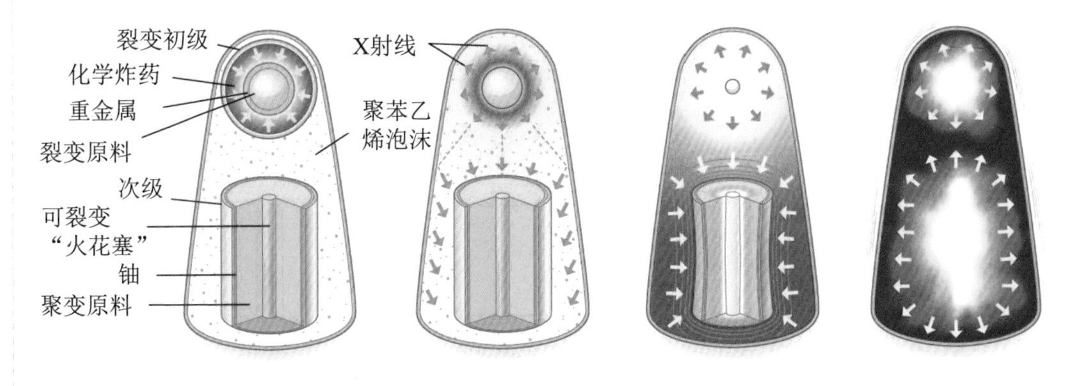

图 7.4 氢弹原理示意图 (Encyclopaedia)

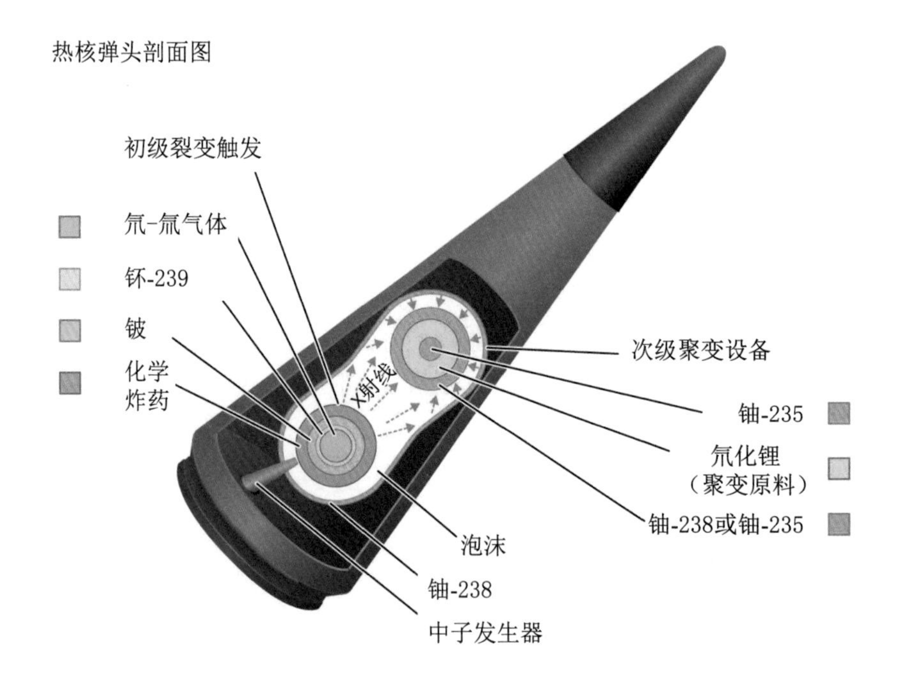

图 7.5　典型氢弹结构示意图 (Encyclopaedia)

在“泰勒–乌拉姆构型”(Teller-Ulam) 氢弹中, 压缩次级从而引爆氢弹主要依据反射层/推送层烧蚀机理, 通过初级核弹中核裂变产生的 X-射线对次级核弹进行压缩, 这个过程称为对次级核弹的辐射内爆. 在内压缩以后, 通过次级核弹内部的裂变爆炸对次级核弹进行加热. 简要的完整过程为: 高爆炸药引爆裂变反应 → 初级裂变产生 X 射线与 γ 射线反射对聚变弹加热 → 初级裂变结束膨胀, 推送层表面烧蚀飞出压缩聚变弹 → 聚变弹内的裂变材料反应 → 聚变反应发生.

由图 7.5 可见, 引爆前的氢弹顶部的圆球是初级裂变弹, 下部的柱形体是次级聚变弹; 初级裂变弹的高爆炸药爆炸后, 对初级裂变弹进行压缩使其超过临界态; 初级裂变弹进行裂变反应, 温度达到几百万摄氏度甚至几亿摄氏度, 辐射出 γ 射线与 X 射线, 对氢弹的内壁和外壳以及次级聚变弹的反射层进行加热, 高分子泡沫层变为等离子体态; 初级裂变弹的裂变反应结束后开始膨胀, 次级聚变弹的推送层表面急剧升温导致表面烧蚀并飞出, 并将剩下的次级聚变弹 (包括推送层、聚变燃料和裂变材料) 推向内; 次级裂变材料在被压缩后达到临界质量, 开始裂变, 向外压缩聚变原料, 同时产生的中子通过氘化锂产氚; 次级聚变弹的燃料温度达到 3 亿摄氏度, 开始氘–氚聚变反应, 很快燃烧完毕, 产生的中子进一步使得外壁铀-238 裂变, 火球开始形成, 产生巨大的爆炸. 整个过程在远小于 1 秒的时间内发生. 从以上过程可看到，氢弹的威力并非完全是靠聚变的能量，甚至不一定是聚变能量占主导，不同的设计方式其聚变和裂变的能量释放比例有差别，其威力强于原子弹还在于聚变过程对裂变过程的加强，使得裂变原料燃烧更充分.

据公开可查的信息，氢弹核爆典型峰值时间约 20 ns，温度达到 $10^2 \sim 10^3$ keV. 甚至为了防止温度过高，会对设计细节进行调整. 在高密度下，辐射是光学厚的，因而可以通过逆轫致辐射被重新吸收，同时通过反射层加强辐射吸收，加热聚变燃料，甚至辐射场可达到热平衡（Atzeni, 2004, Chap2）. 据维基百科（Wikipedia）信息，最早的 Ivy Mike 氢弹的辐射压约为 7.3 TPa，等离子体压强约为 35 TPa；更现代的 W-80 氢弹的辐射压约为 140 TPa，等离子体压强约为 750 TPa. 内爆的压缩速度约为 $400\,\mathrm{km\cdot s^{-1}}$，假定压缩前聚变材料厚度为 1 cm，则压缩时间约为 25 ns，与前述的数据 20 ns 相近. 以这些数据，假定氢弹爆炸温度 $T \approx 100\,\mathrm{keV}$，等离子体压强 $P \approx 500\,\mathrm{TPa}$，同时假定电子离子温度相同，则离子数密度 $n \approx 1.6 \times 10^{28}\,\mathrm{m^{-3}}$. 因此，对应的 $n_\mathrm{e}\tau \approx 8 \times 10^{20}\,\mathrm{m^{-3}\cdot s}$，超过氘–氚的点火条件 $n_\mathrm{e}\tau \approx 2 \times 10^{20}\,\mathrm{m^{-3}\cdot s}$，原理可行.

基于氢弹，人们也提出过地下山洞核爆熔融再热转换发电的聚变能源方案，其中一种概念设计见彭先觉 (1997). 以这种方案来开发聚变能源存在两个主要障碍：（1）1996 年，国际上已全面禁止核试验，要求“核不扩散”；（2）据估算，其经济性欠缺，主要认为是原料成本难以接受.

我们来计算这种方案的经济性. 假定采用的氢弹，每枚为 1 万吨 TNT 当量，则其能量为 $10^7 \times 4.18\,\mathrm{MJ} \approx 40\,\mathrm{TJ}$，全部转换为电能，约为 1.16×10^7 度电. 假定电价要有竞争性，所以设为约 0.2 元（人民币）/度，则转换为电的价格约为 230 万元. 也即，一枚 1 万吨 TNT 当量的氢弹发电，要具有经济性，则在考虑能量转换效率及其他成本时，要求其制造成本远低于 230 万元. 由于我们无法获知氢弹的真实成本，因此无法准确评估该方案的实际经济性. 如果采用更大当量的氢弹，也许能改善经济性，但将释放的能量增大导致难有效控制.

我们再来定量计算氢弹作为一种惯性约束聚变方式所对应的 ρR 参数.1 万吨 TNT 当量氢弹若全部来自氘–氚聚变，需要的燃料 $m \approx 0.1\,\mathrm{kg}$. 假定密度只压缩到固态的 100 倍，即 $\rho = 10^5\,\mathrm{kg\cdot m^{-3}}$，则此时半径 $R \approx 6.2\,\mathrm{mm}$，对应的 $\rho R \approx 620\,\mathrm{kg\cdot m^{-2}}$. 在第 5 章中，我们计算了惯性约束燃烧率 H_B 参数，对应燃烧率 50%时的 ρR，图 5.2 显示在 30 keV 时，氘氚聚变 $H_\mathrm{B} \approx 50\,\mathrm{kg\cdot m^{-2}}$，低于前面计算的 $\rho R \approx 620\,\mathrm{kg\cdot m^{-2}}$ 一个数量级，也即该参数下的氢弹原理上有足够的余量，从而可行. 对于万吨 TNT 级别氢弹，只需把密度压缩至 10~100 倍就能够实现聚变增益. 氢弹方案可行，主要是 R 大，且辐射光厚大；代价是这种方式难以小型化，因为一旦驱动器小，压缩率就更小了；而压缩率小，理论

需要的 R 更大,从而当量反而更大. 据可查的公开信息[①],1.5 万吨 TNT 当量的 W80 氢弹,密度压缩倍率为 878 倍,可压缩到 $\rho = 720\,\mathrm{g \cdot cm^{-3}}$.

据计算,普通化学炸药无法驱动氢弹的聚变实现增益. 可见,由于当量无法做小、需强的原子弹作为驱动源、辐射需光学厚等多个因素,氢弹方案较难移植到可控聚变堆方案中. 基于其技术原理,最关键的限制在于氢弹可以做大但难以做小,理论上能做到先进燃料(氘–氘、氘–氦、氢–硼),但代价是单次释放能量的下限比氘–氚氢弹更大,从而不可控.

7.2 磁约束聚变

磁约束的优势在于有望实现稳态约束,从而稳定地持续释放能量发电,被认为是聚变能源研究的主流方向,尤其以托卡马克为代表的方向,其参数已接近劳森判据的能量得失,是国际上最认可的离聚变能源最近的方案. 单纯的直线磁场只能约束等离子体的带电电子和离子在垂直方向的运动,无法约束平行磁力线方向的运动. 因此,对于开放磁力线位形,需要设法避免端点的损失,比如对于磁镜位形需要通过加大端点磁场提高磁镜比尽可能小地减少端点损失. 从这个角度,约束好的通常为闭合磁力线的方案. 而环形是最直接的闭合磁力线方式. 大部分参数较高的磁约束就是环形装置,如托卡马克(tokamak)、仿星器(stellarator)、反场箍缩(RFP)、偶极场(dipole)等.

在这里,我们特别需要注意能量和粒子的约束时间与等离子体放电时间的差别,前者通常并不长,能超过 1 s 已经算很高,通常只能通过间接测量才能获知;而后者可以很长,比如超过 1 h,其值可直接从放电波形中获得. 能量约束时间和放电时间,可以通过一个简单的类比来体现:往一杯热水中持续滴墨水,每滴墨水从中心扩散到杯壁的时间就是能量约束时间,这个时间通常较短;且只要杯子及其中的水还在,同时滴墨水的动作未停,那么就代表放电时间(装置的单次运行时间)足够长.

所有磁约束装置都面临着的问题是:如果要做到先进燃料,那么磁场无法太小,还要解决辐射问题,其次是约束问题,然后是杂质、加热等问题;而如果做氘–氚聚变,则面临的是氚增殖和高能中子问题. 其所需的定量条件在第 4 章有详细讨论. 在那里,我们也指出了磁约束聚变能源堆的温度和密度可选范围很窄的问题,唯一可较大范围调整的参数

① 引用来源为 http://nuclearweaponarchive.org/Nwfaq/Nfaq4-4.html.

是能量约束时间.

对于磁约束装置而言,基于人们近 70 年的研究,提高约束能力从而使达到高聚变参数的方案可分为三种:增大装置尺寸,增大磁场,通过新的物理机制改善约束. 增大装置尺寸,一定程度上与经济性原则相背离;增大磁场,主要在于工程的难度较大;新的物理机制,则是人们持续在继续努力的方向.

7.2.1 托卡马克及其衍生

托卡马克的磁场位形由极向场和环向场组成,如图 7.6 所示,可以认为是环对称的,其中环向场主要由外部环向场线圈提供,极向场则是内部等离子体电流产生的磁场与外部极向场线圈产生的磁场相平衡. 它是目前磁约束聚变方案中最成功的一种,等离子体参数最高,已接近氘–氚聚变科学可行性临界点. 最高离子温度为日本 JT60U 装置通过中性束加热方式创造的 43 keV,约 5 亿摄氏度;等离子体压强最大的为美国 C-Mod 装置于 2016 年创造的,达到 2 倍大气压,对应密度接近 $2.5 \times 10^{20}\ \mathrm{m}^{-3}$;能量约束时间最长的为英国的 JET 装置,达到近 1 s;最高的氘–氚聚变功率为 JET 装置在 1997 年创造的 16.1 MW;聚变释放能量最大的为 JET 装置在 2021 年创造的 59 MJ;最长的高约束模式运行,为中国 EAST 装置在 2017 年创造的 101 s 以及在 2023 年创造的 403 s;目前全球在建最大的聚变装置为基于托卡马克方案的国际热核聚变实验堆 ITER.

托卡马克的发展历史上有多个重要节点,其中包括 1968 年确认苏联的 T-3 托卡马克装置实现了近千万度等离子体温度,1982 年德国 ASDEX 装置发现高约束模式,1997 年左右美国 TFTR 装置、英国 JET 装置和日本 JT60U 装置分别实现接近氘–氚聚变临界增益条件的参数,验证了磁约束聚变的科学可行性.

常规托卡马克装置的比压 β 低,不适合先进燃料,最高比压为美国 DIIID 装置创造的,瞬时值超过 10%. 托卡马克有很多衍生物,比如低环径比的球形托卡马克(spherical tokamak),其中环径比 $A = R/a$,R 为等离子体大半径,a 为小半径. 球形托卡马克装置的比压可以较高,典型值可到 40%,其主要限制在工程上,也即环径比小的时候中心柱的空间有限,无法容纳大的环向场线圈,从而环向场通常明显低于常规托卡马克,其中目前全球最大的两个球形托卡马克装置 MAST-U 和 NSTX-U 的中心磁场均只 0.5~1 T. 托卡马克装置通过调整位形,如负三角形、拉长度等方式可一定程度实现参数的优化,比如近年实现的超级高约束模(super H)可比常规 H 模有更高的边界台基. 基于低温超导磁体和高温超导磁体的发展，长脉冲强磁场的托卡马克装置是近年的重点发展方向，中心磁场可做到 10 T 以上.

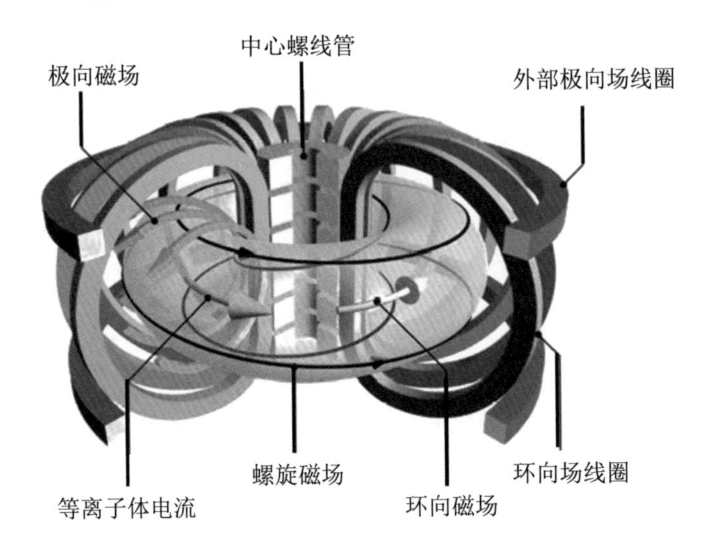

图 7.6　托卡马克磁场结构示意图 (Wikipedia)

托卡马克装置另一个较大的物理困难在于它需要大电流驱动，对于聚变堆，通常的等离子体电流需 5~10 MA，大电流容易引起不稳定性，从而导致大破裂，对装置会产生较大破坏.

综上，托卡马克及其衍生物是目前聚变能源候选方案的第一梯队，其实现氘-氚聚变增益的难度也不大，而困难在于进一步的优化及解决发电和经济性问题. 对基于托卡马克研究先进燃料聚变则还需一定物理上的突破，或者需要尺寸更大的、磁场更强的装置，具体要达到的条件参考第 4 章.

7.2.2　仿星器

仿星器也是一种环形磁约束聚变装置，如图 7.7 所示，它通过复杂的三维线圈产生扭曲的三维磁场结构对等离子体进行约束，其等离子体电流可以很小. 目前仿星器的参数是磁约束聚变中仅次于托卡马克的，接近托卡马克的值. 通过优化，人们不再怀疑其能达到氘-氚聚变条件. 相较于托卡马克，它最大的优点是无大电流破坏装置的问题. 其缺点是，其磁场为三维的，对精度要求非常高，要做到 5 T 甚至 10 T 以上的强磁场的工程难度极大. 因而依据目前的技术推测，其离非氘–氚聚变的距离比基于托卡马克的方案更遥远. 但无大电流破裂的优势使其也有望在未来聚变堆整体竞争力方面强于托卡马克.

图 7.7　仿星器结构示意图 (Wikipedia)

7.2.3　场反位形

场反位形（Field-reversed configuration，FRC）如图 7.8 所示，是一种线性装置，其本底磁场由磁镜或 θ 箍缩（θ-pinch）提供，属于开放磁力线的开端系统，但同时通过内部反向的等离子体电流，产生反向磁场，使得中心区域形成闭合磁面从而比磁镜更好的约束等离子体，因此也可认为是闭合磁力线位形. 场反位形具有高比压、易转移、可直接发电等明显优点，被作为一种热门的潜在聚变方案进行研究. 场反位形可看作紧凑环（compact torus）的一种. 紧凑环还包括球马克（spheromak）和球形托卡马克等，均被作为重要的潜在聚变方案进行研究. 球形托卡马克有中心柱，有环向磁场；球马克无中心柱，有环向磁场；场反位形无中心柱，环向磁场为零或者很弱.

场反位形目前主要困难在于，能量约束的提升还未能实现重大突破，使得这种方案虽然在理论上有很多优点，但实际上参数还无法提升到聚变堆的级别. 聚变研究历史上部分有名的装置都可以归为 FRC，包括早期（1950~1970 年）的天体器（Astron），近年（2000~）Tri alpha 公司在推进的 C2/C2U/C2W 系列，Helion 公司在推进的对撞融合压缩 FRC 方案.Nick Christofilos 提出的天体器是期望采用几十 MeV 高能电子的高速旋转产生场反位形，在场反位形的内区实现对等离子体的约束，然而实验最后也未完全实现场反位形，且直到较晚他们才意识到高能电子的辐射使得这个方案很难实现聚变增益，所以后来考虑采用高能离子，但技术难度更大，还未来得及开展相关实验.Tri alpha 公司的方案考虑到了 FRC 作为聚变堆的许多优点，同时也期望实现 Rostoker (1997) 关于大轨道高能离子旋转对撞束流实现非热化氢–硼聚变的设想，并且切实地推进了 FRC 作为一种磁约束路线的约束参数的提升. 然而，其当前的实际劳森三乘积参数，依然离氘–氚聚变能量增益临界值差 4 个数量级以上，这主要在于其能量约束时间虽然相较于早期的 FRC 的 1~100 μs 级别提升到 ms 级别，但密度也从 $10^{21} \sim 10^{22}\,\mathrm{m}^{-3}$ 降到了 $10^{19} \sim 10^{20}\mathrm{m}^{-3}$.Helion 公司的方案，是采用 FRC 作为靶等离子体，实现磁惯性约束聚变，追求的是瞬态的高密度，其将面临的困难可参考第 6 章.

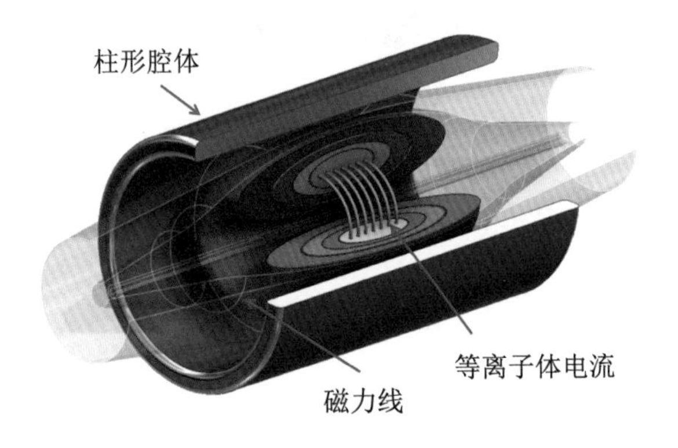

图 7.8　场反位形结构示意图 (由杨圆明供图)

7.2.4　其他

磁约束聚变方案有许多种，但不管如何变化，都可分为开放磁力线和封闭磁力线两种. 从直觉出发，许多人会设计出各种各样的位形，以规避磁约束聚变某个方面的问题. 然而实际上，即使规避了某个问题，但通常还会存在其他更严重的问题. 这使得大部分磁约束装置只在低参数下运行，温度为 1~100 eV，密度为 $1 \times 10^{16} \sim 1 \times 10^{19}\,\mathrm{m}^{-3}$. 有的甚至放电时间可以很长，像日光灯一样，可以一直维持等离子体的电离态，但能量约束时间很短.

在第 3 章中，我们分析了磁约束聚变堆的功率密度要求，指出合适的密度区间很窄，只能在 $10^{19} \sim 10^{22}\,\mathrm{m}^{-3}$ 之间，而劳森判据要求最低的氘–氚聚变 $n\tau_{\mathrm{E}} > 2 \times 10^{20}\,\mathrm{m}^{-3} \cdot \mathrm{s}$，这就要求磁约束装置的能量约束时间 τ_{E} 不能太低，对于 $n = 10^{22}\,\mathrm{m}^{-3}$，至少需要 $\tau_{\mathrm{E}} = 20\,\mathrm{ms}$. 对于先进燃料，所需约束时间更高. 而实际上，绝大部分磁约束装置的能量约束时间目前都在 10 ms 甚至 1 ms 以下，尤其是开放磁面的磁镜（mirror）、会切（cusp）等位形，约束时间更低于闭合磁面位形. 这使得开放磁面位形尽管在工程上有较多优点，但物理参数上一直难以突破. 而闭合磁面的位形，需要进一步提高参数才能实现先进燃料的聚变增益.

一些常见的典型磁约束位形就是存在上述困难，比如磁镜，为了抑制两端损失，通常认为需要至少要有 1 km 长才可能做到聚变堆参数；对于偶极场，其磁场随大半径以 $1/R^3$ 速度衰减，因而大部分区域是低磁场区，据估算直径需要接近 50 m 才可能实现聚变堆参数；同样，目前反场箍缩（Reversed-Field Pinch，RFP）的参数也不高，单次放电时间也很短，通常远不到 1 s. 障碍最大的参数在于能量约束，它可能与许多因素相关，比如不稳定性、反常输运等. 这个问题无法解决，则装置只能做大，这通常就不再具有经济性.

一种完美的磁约束方案：兼具场反位形的高比压、线性、易转移、可直接发电，又具有托卡马克的高参数高约束，还具有仿星器的稳定性无需电流驱动及无大破裂的优点. 目前尚未找到兼具这些优点的约束位形，这是人们在持续探寻的方向. 要实现这样的位形，涉及许多复杂的物理知识，这些复杂物理知识在大部分情况下限制了我们达到此前章节所指出的零级参数，但也有可能在某些情况下会好于人们的预期，比如高约束模式（H mode）的发现.

7.3 惯性约束

要使微爆方式的惯性约束可控，则允许的燃料质量有限度，一般认为上限只有几 GJ，否则即使每秒只几炮也会对反应堆的容器产生破坏. 完全燃烧 1 mg 的 DT，释放 341 MJ 的聚变能量. 假设燃烧率为 30%，则燃料质量只能几十毫克.1 GJ 的能量约相当于 250 kg 的 TNT 爆炸的能量. 由于破坏力主要来自动量，而非能量，所以微型惯性聚变由于速度快、动量小，破坏力远低于炸药，是可控的. 对于同样的动能 $E = \dfrac{1}{2}mv^2$，

携带不同的速度 v_1 和 v_2，对应的动量比值为 $p_1/p_2 = m_1v_1/m_2v_2 = v_2/v_1$，也即破坏力与速度成反比. 常规炸药产生的冲击波的速度 v 为 $1 \sim 10\,\mathrm{km\cdot s^{-1}}$，聚变产物可到 $10^3 \sim 10^4\,\mathrm{km\cdot s^{-1}}$，即同样的能量破坏力可降低约 3 个数量级. 当聚变产生冲击波时，由于速度降低了，同样的能量产生的破坏力会变大.

鉴于可控的惯性约束聚变方案，燃料质量 $m = \rho V \propto \rho R^{\alpha}$ 不能太大，指数因子 $1 < \alpha \leqslant 3$ 与几何维度有关，而要实现聚变增益 ρR 又不能太小，因此只能提高密度 ρ，即提高压缩率. 这表明，可控的惯性约束方案，其驱动器的强度要能承受比氢弹中的还要高许多倍的对靶等离子体的压缩率.

7.3.1 激光驱动

激光驱动的惯性约束聚变原理如图 7.9 所示. 蓝色箭头代表辐射，橘色为向外发射的，黄色为向内输运的热能. 激光束或激光产生的 X 射线快速加热聚变靶表面，形成等离子体态. 然后燃料被压缩，在靶丸内爆后，燃料密度提升几十倍，温度达到聚变条件. 热核聚变快速燃烧和向外扩散，使得产生的能量远大于输入的能量.

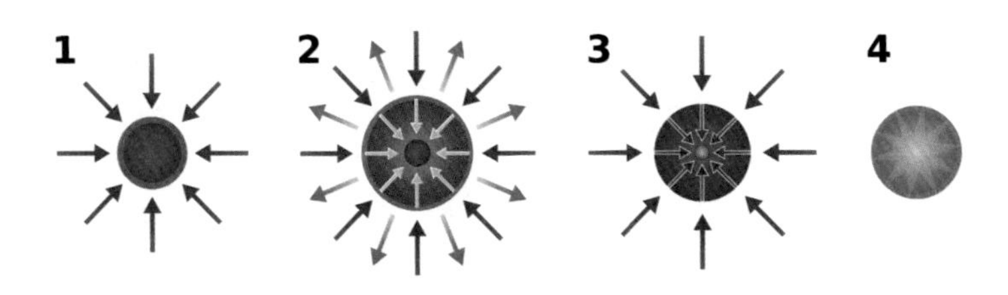

图 7.9 激光惯性约束聚变 (Wikipedia)

激光惯性约束聚变有很多变化的形式，除了上述的直接驱动方式外，还有间接驱动及中心点火方式.

中心热斑点火 (central hot spot ignition)，是通过某种方式，比如激波、快速压缩等离子体中心区，使得中心区的密度远高于边界密度. 快点火也类似，是通过一个引导的设置，快速加热和压缩靶丸中心区域.

间接驱动则主要是为了使得压缩更均匀，在靶丸外放置腔体，激光入射腔体后，X 射线反射，更均匀的压缩中心靶丸.

目前,由于激光器技术的快速提升,能量、脉宽、聚焦度等的进步,使得激光惯性约束聚变参数处于 ICF 聚变前列,美国 NIF 最新(2014 年、2021 年和 2022 年)实验得到的结果已超过氘–氚聚变科学可行性的临界值. 但综合考虑能量效率,则还远未达到增益超过 1 的效果.NIF 典型的参数为,密度 $10^{32}\,\mathrm{m}^{-3}$,等离子体体积 $10^{-7}\,\mathrm{cm}^{-3}$,放电时间 $10^{-10}\,\mathrm{s}$,激光器输出能量 2 MJ,输入激光器的电能 300~400 MJ.

NIF 实验的历程对聚变能源的研究,也有非常好的启发意义.2014 年 NIF 公布的实验结果是使约 1.8 MJ 的激光能量产生了 14 kJ 的聚变能量(2013 年实验),行业专家及美国能源部的报告均认为基于现有的 NIF 装置,不可能实现聚变能量增益;然而在 2021 年 8 月的一次偶然实验中,1.8 MJ 的激光能量产生了 1.3 MJ 的聚变能量,产出的聚变能量比此前高一个数量级以上;2022 年 12 月,更是实现了以 2.05 MJ 激光能量,产生了 3.15 MJ 聚变能量,首次确凿实现了受控聚变能量的正增益. 行业专家们此前对 NIF 的悲观,主要是基于不稳定性等一级量、二级量的计算,而实验表明这都是可以突破的. 本书中 NIF 的实验是在零级量的计算范围内的,这也表明对于聚变的研究,要优先关注零级量,明确限制条件和攻关方向,而一级量和二级量的困难,通常总有办法去克服的.

7.3.2 粒子束驱动

除了激光外,粒子束也可被用来作为惯性约束聚变的驱动器,通常其耦合到等离子体的效率比激光高,可超过 20%. 常用粒子束包括高能电子束、轻离子束、重离子束. 王淦昌 (2005) 讨论了几种驱动方式的优劣,p47 也讨论了高速对撞的方案.

这些方案,各有其缺点. 并且在外推到聚变堆参数下时,成本也并不低. 高能电子束的成本和聚焦度相对较好,但高能电子具有强辐射,导致的能损对聚变增益而言是不利因素.

7.3.3 其他驱动

直线箍缩(Z-pinch)采用系列强流电流丝,电流丝通过强电流后,一方面会快速发热变成等离子体态,另一方面产生强磁场,相互之间吸引,形成聚焦压缩,从而达到高温、高密度状态,实现聚变增益. 其驱动器一般为强流脉冲电容器.

稠密等离子体聚焦(Dense Plasma Focus, DPF)方案(Gallardo, 2022)也是采用箍缩效应来提高等离子体密度、温度.

7.4 磁惯性约束

磁惯性约束也有多种方案,其根基可归为磁约束、壁约束和惯性约束.

7.4.1 FRC 磁化靶

FRC-MTF, 也即基于场反位形的磁化靶方案, 如前所述, 可勉强实现 D-T 临界条件,但难度极大,难点主要在于比压 β 及压缩时间 τ_{dw} 的限制. 目前尚未找到有效的突破方式,原理上未走通,方案原理如图 7.10 所示.

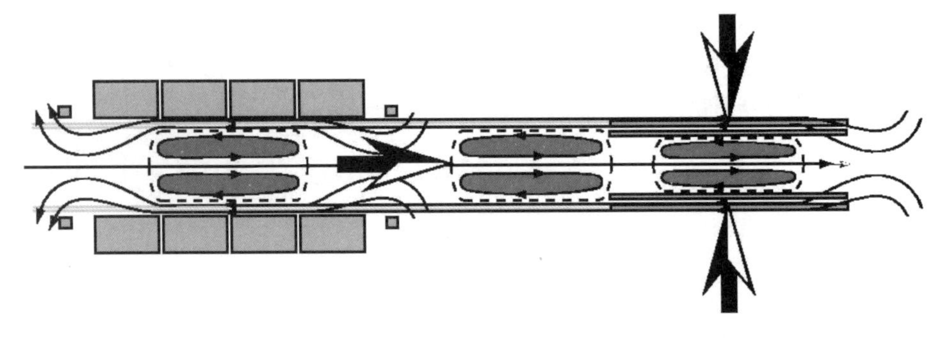

图 7.10 FRC 的 MTF 方案示意图 (Taccetti, 2003)

在现实中做一次压缩实验，需要较长的清理时间，按天甚至按月计算. 当前离实际的聚变能源研究还有较远的距离.Helion 公司的装置（https://www.helionenergy.com/）就是基于该方案.

7.4.2 Z-pinch 磁化靶

美国 Sandia 实验室的 MagLIF 方案如图 7.11 所示，采用 Z-pinch 作为等离子体靶，再结合激光技术，形成一种磁惯性约束方案. 其本质上还是惯性约束，遵守惯性约束的要求. 对于氘–氚聚变，也需要增益超过 100. 目前其参数接近了氘–氚聚变增益的临界线.Yager-Elorriaga (2022) 综述了其进展. 其典型参数为密度 $10^{29}\,\mathrm{m}^{-3}$，等离子体体积为 $10^{-4}\,\mathrm{cm}^3$，放电时间为 $10^{-9}\,\mathrm{s}$，磁场为 100 MG.

7.4.3 壁约束磁化靶

俄罗斯的 MAGO 装置，采用的是炸药压缩的方式，可获得较高的参数，但很难实现 Q>1，如何利用其发电也是难题. 该实验在 1990 年代有较多进展，但后续研究较少. Garanin (2015) 对该方案有较详细的总结.MAGO 的方案属于磁化靶约束方式，有一定的壁约束，但也不能完全归为壁约束，Chirkov (2019) 有提及 MAGO 参数 $\beta \approx 1$.

7.5 其他方案

本节讨论一些前述未讨论到的其他方案. 它们有些可以由常规的劳森判据来判定可行性，有些需要其他角度来进行判定.

图 7.11　MagLIF 实验所依靠的 Z-pinch 装置 (Sandia)

7.5.1 壁约束

在前文多次谈到壁约束,比如在讨论磁惯性约束时,认为要突破比压 β 限制,要么采用壁约束,要么采用惯性约束. 而经过简单分析,我们就知道壁约束不可行. 这主要还是因为高能粒子与壁材料的碰撞截面及电离截面远大于库仑截面,更远大于聚变反应截面. 从平均自由程或平均碰撞时间的角度,也即发生 1 次聚变反应,比如,已经发生了 10^4 次以上的库仑散射,发生了 10^5 次以上的壁材料碰撞,每次碰撞都会损耗掉聚变燃料的能量,也即快速冷却聚变燃料,从而使得整个过程无法产出聚变能源,因为聚变原料会加热壁材料. 因此要实现聚变能源,需要尽量避免燃料与壁的直接接触. 不过壁也不完全是负面效应,如果壁对辐射的反射性极好,那么从另一个角度而言,也可以利用壁形成辐射压强来约束等离子体,这是氢弹和惯性约束聚变中用到的方式.

7.5.2 几种束流方案

这种方案不管是加速器打靶,还是束流对撞,要么是由于库仑散射截面远大于聚变截面而无法实现聚变增益,要么是通过动能转化为内能,都更接近于热核聚变. 对于典型聚变温度 10 keV,对应的氘核速度为 $v = 6.8 \times 10^5 \mathrm{m \cdot s^{-1}}$,也即至少需要加速到约 $700\,\mathrm{km \cdot s^{-1}}$ 的对撞速度. 而非氘–氚聚变需要的温度更高,排除质量数的差别,对应的速度通常更高. 这样的高速,如果通过电容器加速,0.1 mg 的氘对应粒子数为 3×10^{22} 个,对应的能量为 46 MJ. 这是目前很多快速(小于微秒)驱动器的极限,除非进一步提高成本,比如超过 10 亿美元一台,否则难以突破. 因此,和其他惯性约束聚变一样,最终都变为经济问题. 技术的发展,可能会改变对其困难程度的判断.

以下我们对几种典型的束流方案进行定量评估,这些结论在早期文献中已有表述,如 Glasstone (1960). 束流的方案被不同的人从不同的角度重新提出,以期望能实现高的聚变增益,但大部分方案的本质并未超出这些早期的认识,即实际上可行性不高.

7.5.2.1 束流打靶

热化的高温 200 keV 以上质子撞击宽厚的硼靶，按劳森判据，温度和密度已足够，只需要穿透时间足够长，就可以超过劳森判据要求的值. 然而，这个想法不太可行，主要在于穿透过程中产生的能损，很短的距离就会让高温质子的能量降到 10 keV 以下，以致无法有效发生聚变反应. 也即质子能量主要用来电离和加热靶了，而未能用来有效聚变.Atzeni (2004) 对此有详细讨论.

根据前文平均自由程的讨论，其与反应截面成反比. 聚变截面只约 1 b，高能离子轰击低温固体靶的散射电离截面约 10^7 b，因此在发生 1 次聚变反应前已经发生了约 10^7 次碰撞散射，每次散射损失能量约 m_e/m_i. 比如对于氘–氚聚变，100 keV 的初始能量，发生一次聚变反应平均放出 13.4 MeV 能量; 氘–氚聚变发生一次聚变反应放出 17.6 MeV 能量，而损失的能量为 $10^7 \times 0.1/3672 = 272$ MeV，可见损失的能量远大于聚变释放的能量，而且这个过程还未考虑能损过程中聚变反应截面的下降和散射截面的上升以及未计入的多次小角度散射，把这些额外因素计入后，能损将远大于聚变放能. 因此这种束流打固体靶的方式无法成为聚变能源方式.

7.5.2.2 束–等离子体聚变

对于固体靶，电离截面过大会导致能损大，但如果我们换成电离后的等离子体靶呢. 我们预期结果会所有改善，现在来评估中性束或高能离子束注入低温等离子体时带来的聚变增益，看这个方式是否可行.

在第 3 章，我们评估过这种方式，在不考虑辐射和输运损失的情况下，当本底电子温度较高时，对于氘–氚聚变，可粗略实现临界增益 $F = E_{\text{fus}}/E_{\text{beam}} \approx 4$；对于氢–硼聚变，增益 $F < 0.5$，这与 Dawson (1971)、Moreau (1977) 的计算结果相近. 因此，可能暂无法完全排除这种方式的可行性，但从零级量的角度出发其实现难度较大. 这种方案主要是由于束流的初始动能 E_{beam} 大，而受慢化时间限制，聚变产能 E_{fus} 有限，导致增益 F 不大. 也可参考 Dolan (1981)、Morse (2018) 的研究.

尽管低密度高能离子束注入本底温度低的等离子体的聚变方案难以实现聚变能源，但当束流粒子数足够大时，加热本底等离子体到热化状态，同时进行充分约束，还是有可能实现较高的聚变增益的. 此时高能离子束主要作为一种加热手段.

7.5.2.3 离子束加热固体靶

下面我们来计算离子束轰击固体靶的能损能否把固体靶加热到聚变温度，比如 10 keV,从而发生热核聚变.

假设 1 MeV 的氘束流,流强 $100\,\mathrm{A}\cdot\mathrm{cm}^{-2}$,这已经是很强的束流了. 因此,离子通量为

$$\frac{100}{(1.6\times10^{-19})}\approx6\times10^{20}\,\mathrm{cm}^{-2}\cdot\mathrm{s}^{-1},$$

从而能量通量为 $6\times10^{26}\,\mathrm{eV}\cdot\mathrm{cm}^{-2}\cdot\mathrm{s}^{-1}$. 假定 1 MeV 氘打入的氘靶大约 $1.5\,\mathrm{mg}\cdot\mathrm{cm}^{-2}$.1 g 氘的粒子（离子 + 电子）数约为 $2\times\dfrac{1}{2}\times6\times10^{23}$（阿伏伽德罗常数）. 从而目标靶 $1\,\mathrm{cm}^2$ 体覆盖的粒子数为

$$6\times10^{23}\times1.5\times10^{-3}=9\times10^{20}.$$

假定加速的氘能量沉积到氘靶的时间为 $10^{-6}\,\mathrm{s}$, 这个值肯定大于实际值,但我们先看一看乐观情况能加热到什么程度. 在这个时间内,沉积的总能量为

$$6\times10^{26}\times10^{-6}=6\times10^{20}\,\mathrm{eV},$$

从而平均到每个靶粒子的能量为

$$\frac{6\times10^{20}}{9\times10^{20}}\approx0.7\,\mathrm{eV}.$$

这个能量显然远低于聚变所需要的几十千电子伏特. 也即,这种束流打靶加热的方式,大部分能量只是微弱加热靶等离子体,而无法有效地实现聚变能量增益（Glasstone, 1960, p66）.

7.5.2.4 束流对撞

束流对撞的方案可以使质心能量高于打靶的方式,从而使聚变反应率更高. 同时,对所有产生聚变反应的离子通过束流进行约束,有可能降低能损,如壁上损失的那部分.

定量计算显示这种方式不具有可行性. 首先依然是碰撞散射问题，库仑碰撞截面是聚变截面的 10^3 倍以上，这使得粒子散开而不是发生聚变，聚变的比例只占很小的比例. 其次，束流方式通常密度极低，这导致聚变功率低，因而无经济性. 假设 50 keV 的氘离子对撞，其质心能量是 100 keV. 假定流强是 $100\,\mathrm{A}\cdot\mathrm{cm}^{-2}$，从而粒子数通量为 $6\times10^{20}\,\mathrm{cm}^{-2}\cdot\mathrm{s}^{-1}$.50 keV 氘核对应的速度约 $2\times10^{6}\,\mathrm{m}\cdot\mathrm{s}^{-1}$，从而氘的粒子数密度

为 $3 \times 10^{18}\,\mathrm{m^{-3}}$. 根据我们此前关于功率密度的计算，这个密度下的聚变功率只有约 $10^2\,\mathrm{W \cdot m^{-3}}$，不具有经济性. 氘–氚聚变也只有约 $10^4\,\mathrm{W \cdot m^{-3}}$，即使优化对撞的能量，也难有本质改善.

这主要还是受加速器产生的带电束流的电流强度所限制，其本质还是同种电荷间的排斥作用导致流强很难较大. 在热化的等离子体中，由于准中性条件，或者在采用中性束而非离子束注入时，可以使电流强度更高，其最终依然变为了热核聚变，需用热核聚变的判据去判定可行性.

7.5.2.5 Migma

Migma 方案是历史上比较有名的一种加速器束流对撞聚变方案，并且从 20 世纪 70~80 年代共建造过好几个装置，取得了不少进展. 以这种方案可以很容易地把离子能量加到氘–氚聚变的几十千电子伏特，甚至氢–硼的 300 keV. 这种束流密度比较低，但可通过储存环循环起来，实现较好的约束，从而发生更多次碰撞，提高聚变概率. 不过，束流通常是不稳定的，同时弹性散射过程中会有较大的韧致辐射能量损失.

据称（Wikipedia），Migma IV 在 1982 年创造了 25 s 约束时间的纪录，同时聚变温度、密度和约束时间三乘积达到创纪录的 $4 \times 10^{14}\,\mathrm{keV \cdot s \cdot cm^{-3}}$，直到 JET 托卡马克在 1987 年达到 $3 \times 10^{14}\,\mathrm{keV \cdot s \cdot cm^{-3}}$ 时才被赶上.

通过巧妙设计的粒子储存环，可以捕获离子实现很好的约束，从而使得束流的离子反复发生碰撞，提高聚变增益. 但这种方案外推到聚变堆会有较大困难.20 世纪 90 年代，Norman Rostoker 提出了用 FRC 来约束碰撞的束流，这就是 TAE 公司方案的起源. 这些方案，理论上可以实现很高的能量甚至获得很高的约束时间，然而约束时间通常与高密度不兼容，从而难以达到劳森判据要求.

7.5.3 电场约束

在静电场中，因离子和电子电荷相反，所以在约束其中一个的时候就很难约束另一个，也即，无法形成稳态约束. 从另一个角度而言，要形成稳态约束，需要电场的压力与热压力平衡，即 E^2，可得典型值为 $3 \times 10^9\,\mathrm{V{\cdot}m^{-1}}$. 也可参考对静电约束难度的一些讨论（Glasstone，1960，chap3）和（罗思，1993，p267）.

静电约束聚变在业余爱好者中较为流行,最典型的装置是 Fusor,只需要高压电源及一些金属网和一些氘气,就能低成本地实现聚变反应. 其原理是,外层金属网接地,内层金属网负电势,电势差为几十千伏或者上百千伏,从而一方面对气体电离,另一方面带正电的离子被加速向中心聚集,当中心金属网聚集的正离子足够多时,电势转正,离子开始反向加速,从而在两个金属网的球中振荡运动,这个过程中离子会互相碰撞发生聚变反应. 但这种方案的能量增益远小于 1,无法实现聚变能源经济性的产出.

7.5.4 混合堆

混合堆的主要思路是,聚变堆不喜欢中子,而裂变堆却很需要中子,两者结合,扬长避短,以实现更好的能量产出. 混合堆的成功,优先需要聚变堆接近成功,因为如果本质上是聚变堆,则在科学可行性方面依然需要满足其对应的聚变判据,其主要的不同在于工程方面,即需要氘–氚聚变产生的中子作为裂变堆的启动中子;如果本质上接近裂变堆,那目前其他手段产生的初始中子已经足够低成本的裂变堆使用,无需再采用高成本的聚变堆来产生中子.

因此,这种方案在理论上较美好. 然而在实际操作中,有许多细节需要仔细考量和研究. 混合堆的方案在国内和国际上都有不少设计,其聚变部分有些是基于磁约束的托卡马克或球形托卡马克,有些则是惯性约束的 Z 箍缩等.

7.5.5 冷聚变

即使冷聚变自 1989 年的“冷聚变”(cold fusion)事件以来已经臭名昭著,但在这方面的研究却一直没有间断. 冷聚变的主要特征是无重复性. 如果从报道宣称的能量产出角度而言,并不比化学电池高. 这种聚变方式,后来也统一归为“低能量核反应(LENR)”. 类似地,气泡聚变(bubble fusion)宣称在兆赫兹级别的声波注入液体后观察到小点的气泡坍缩,形成极高温度,在含氘液体中,观察到中子产生. 但这依然未能被重复实验所验证,因此,更像是一个闹剧.

7.5.6 其他

近期晶格约束聚变 (LCF) 受到了一定的关注，它指的是燃料在金属晶格中发生聚变. 由于高电子密度导电金属降低了两个轻原子核靠近时相互排斥的可能性，晶格约束可以激发带正电原子发生聚变. 采用伽马射线轰击氘饱和的铒或钛样品，有时候伽马射线会使金属晶格中的氘核分解成质子和中子. 分裂的中子会与晶格中的氘核碰撞，将一些动量传递给氘核. 通常情况下氘核彼此间会相互排斥，而电子屏蔽的氘核有足够的能量克服库仑势垒.LCF 反应中大部分加热发生在直径仅为几十微米的区域. 从聚变能源角度而言，这种方案的实际参数离成功也还相差很远.

我们在前文提及过 μ 催化的聚变，指出其在经济性方面有较大困难，但有些文献有乐观的估计，如 Gross (1984) 讨论了一些 μ 催化的聚变，提到有文献认为可实现增益.

闪电是一种自然界中的高压强电离的现象，其在某种程度上可以提供聚变条件. 如果要利用闪电作为聚变驱动器，则这种方式需要通过惯性约束的判据进行更细致的分析. 典型闪电的电压为 1~100 MV，电流为 0.1 MA，持续时间 10~100 μs. 以此计算，能量约为 10 MJ 级别，也即尽管闪电的威力很大，但储存的能量并不多，只是几度或几十度电的级别.

7.6 部分聚变私企的方案简评

近二十年，瞄准聚变能源研发的私企越来越多，它们针对某种或某几种聚变方案，从民间获得资金，开展研发，同时制定相对激进的路线. 尤其近几年，民间投资加速，仅 2020~2022 年，投入到聚变研究的风险投资就超过 40 亿美元.

这里无意对各个企业的方案进行详细评述，因为大部分方案期望的是抛开主流研究较多且参数较高的方案，而寄希望于通过某种特别的技术实现弯道超车. 就我们已讨论过的内容可知，聚变能源研发成功需依靠的远不只是单种技术，并且即使某个技术把某个参数实现了大幅提升，但综合性能可能与聚变能源的要求依然有极大的距离.

为了具有代表性，我们可根据融资额、研发团队规模等角度出发，对一些典型的聚变私企方案的难点进行探讨.

Tri Alpha（三阿尔法）公司是近二十年最具有代表性的一家聚变私企，于 1998 年左右在美国加州成立，当前团队成员超过 100 人，获得总融资超过 8 亿美元，他们的方案是基于场反位形装置的，目标为氢–硼聚变能源. 如前所述，其最主要的进展是把 FRC 的能量约束时间实现了大幅提升到 10 ms 级别，并且极大推进了人们对 FRC 的理解. 然而，从聚变三乘积角度而言，其目前在运行的装置 C2W 长度超过 25 m，离氘–氚聚变增益的临界条件还差约 4 个数量级，更别说氢–硼聚变增益了. 这主要在于能量约束时间提升过程中，密度下降了，而温度也并未实现大突破. 通过简单的外推，很难期望单纯地增加 10 倍经费和数倍尺寸的情况下可在数年内达到氘–氚聚变增益条件.

加拿大的 General Fusion 是另一个研发了近二十年的聚变私企，融资数亿美元，团队数十人. 其采取的是压缩的磁化靶聚变方案，主要采用机械方式压缩球状靶等离子体. 该方案目前主要旨在解决不稳定性问题以提高参数，其劳森三乘积参数离氘–氚聚变临界值还有 4 个数量级以上的差距. 在磁惯性约束章节的讨论中，我们指出过，这种方案可勉强达到氘–氚聚变条件. 如果只能做氘–氚聚变，则即使物理上达到了参数条件，但在氚增殖、高能中子防护、发电经济性等方面依然任重道远. 同样，美国的 Helion Energy 是采用 FRC 的对撞融合及压缩的磁惯性约束方案，2021 年获得了近 5 亿美元投资，其面临的困难是磁惯性约束方案所内在的.

英国的 First Light 成立于 2009 年，采用的是激波压缩的惯性约束聚变方案. 这种方案通过电容器加速等离子体团，实现几百千米每秒的速度，这样的速度对应的能量足以在对撞或压缩过程中发生聚变反应产生能量. 目前，该公司实现了约 $25\,\mathrm{km\cdot s^{-1}}$ 的等离子体团（2019 年数据）. 注意到 10 keV 的氘对应的速度为 $670\,\mathrm{km\cdot s^{-1}}$，也即要实现氘–氚聚变，速度还至少需要提高 20 倍. 而能量是速度的平方关系，从而对于同样的质量要加速到聚变条件，电容器的能量需提高 400 倍，这样成本将大幅上升. 或者就只能采取降低加速的等离子体团质量的办法，那每次聚变能释放的能量也将降低. 这还未提及氚增殖及发电经济性的困难. 相较而言，惯性约束和磁惯性约束聚变的发电，比稳态的磁约束要困难得多.

英国的 Tokamak Energy 是第一家接近主流路线的聚变私企，成立于 2009 年，他们期望采用高温超导磁体的球形托卡马克方式，利用强磁场和低环径比的紧凑性位形. 同时，他们的研究认为球形托卡马克的约束定标律在外推时优于托卡马克的 ITER 定标律. 目前通过中性束、磁重联等方式，已经实现了约 1 亿度的等离子体温度. 该公司的进展向行业展示了紧凑型的小装置达到高的等离子体参数的可行性. 在获得足够资金支持的情况下，可预期其参数能进一步提升，甚至达到氘–氚聚变条件. 作为聚变能源，其关键还是如何解决氘–氚聚变的经济性发电问题.

从美国麻省理工学院分离出去的 CFS 公司成立于 2018 年,首批就获得 2 亿美元融资. 该公司主要开发高温超导强磁场磁体,预期建造的第一个装置 SPARC 为强磁场托卡马克,就是瞄准实现氘–氚聚变增益,设计的中心磁场强度为 12.2 T,辅助加热只依靠离子回旋波,真空室内的体积只有 ITER 的约 1/25. 这充分利用了 MIT 几十年的强磁场托卡马克研发经验和离子回旋波的研究经验. 在 2021 年成功研发出环向线圈原型件,达到表面磁场强度 20 T 后,很快就获得了 18 亿美元新的投资,成为聚变私企中获得的融资是最多的. 强磁场可以使得托卡马克在紧凑的装置上实现高参数是业内共识,人们并不怀疑 CFS 的方案可以超过氘–氚聚变增益条件. 该方案作为聚变能源的关键还是如何解决氘–氚聚变的经济性发电问题,目前该公司尚未给出明确解决方案.

中国在近几年也出现了多家聚变私企.2018 年,作为能源公司的新奥集团(河北廊坊)正式立项,开展聚变能源研究,但并未固定路线,而是多方面进行探索,研发和建造过包括场反位形在内的多个装置,其目前最大的一个装置是球形托卡马克(球形环). 其年研发经费 2~3 亿人民币,团队约 100 人,最终目标是实现清洁、无污染的商业化聚变能源,因而瞄准的是氢–硼聚变.2022 年,新奥确定了球形环氢–硼聚变的路线.

2021 年,国内又成立了能量奇点(上海)和星环聚能(陕西西安),2022 年分别获得融资 4 亿人民币和数亿人民币. 能量奇点路线类似美国 CFS 的高温超导强磁场托卡马克. 星环聚能路线类似英国 Tokamak Energy,但优先强调磁重联压缩技术,其原始团队来自清华大学 SUNIST 实验室. 受益于中国全产业链能力在近一二十年的突飞猛进及经济的发展和对科技创新的追求,中国的聚变私企有可能超越国际上的同行,未来如何达到目标参数及如何实现经济性的发电,目前还难于预测.

据统计,当前国际上的聚变私企已超过 30 家,此处无法一一讨论,但大部分方案可行性较低,在劳森图中位于左下角,不为主流所关注. 比如洛克希德马丁公司在 2014 年提出的类似磁镜的方案,主流聚变研究者对此认可得很少,事实上到目前依然参数极低. 澳大利亚 HB11 公司提出的基于氢–硼雪崩反应的惯性约束聚变方案到目前为止还未从科学上得到确认.

7.7 有望改变格局的新技术

一些针对聚变能源的关键难点的技术突破,有望改变聚变能源的研发格局或进度.

从磁约束角度出发, 除了磁场相关的回旋辐射外, 稳态强磁场整体是有利的, 对约束及参数提升都有很多正面效果, 甚至在固定比压时, 简单的定标律指出聚变功率 $P_{\rm fus} \propto B^4$,而装置的体积与半径的关系通常是 $V \propto R^3$. 也即磁场的增加,可明显降低装置尺寸. 在现有托卡马克等磁约束装置中,通常采用技术成熟的冷却的铜导体,或者低温超导磁体. 前者由于电阻发热严重,只能短脉冲运行,比如一次放电时间 10 s 以下;后者则受限于电流密度,磁场难做高,且需要的低温系统庞大、复杂. 最新的高温超导强磁场磁体技术有望改变这一局面,电流密度大,稳态磁场强,所需低温系统难度也相对较低,比如可采用液氮冷却. 高温超导强磁场磁体技术的发展,使得实现中心磁场超过 10 T 的长脉冲托卡马克在较近的未来成为可能. 强磁场下,等离子的物理特性,包括碰撞特性,也可能发生一些变化,有可能更容易达到聚变参数.

仿星器的三维磁场较难精确实现,而 3D 打印技术的发展可能改善这一局面. 近年来人工智能技术的突飞猛进,也已经在磁约束聚变和惯性约束聚变运行参数空间优化、智能控制、实验分析与预测等方面发挥越来越重要的作用,并且有望以更低的成本、更快的速度,大幅突破传统理论模拟手段及控制方法的能力边界. 该方面值得重点关注.

对于惯性约束或者磁惯性约束聚变,驱动器技术的发展至关重要,包括强度、效率、聚焦度等.

聚变能量的导出过程则与材料技术紧密相关, 不管是含中子聚变所需的抗中子材料,还是无中子聚变所需的抗热负荷材料.

另外,如果不追求聚变能量增益,则聚变研发过程产生的集成技术还可用于中子源、航天推进器等.

本章要点

★ 盘点了现有的各种聚变方式，但均离实现商业化有一定距离，还需克服一系列障碍；

★ 新理论和新技术的发展让我们看到了不少希望；

★ 恒星的重力约束聚变具有超长约束时间和约束辐射的特点，但其方式无法在地面上实现；

★ 原则上在现有技术条件下可以以氢弹的方式实现聚变能源，甚至可以实现氢–硼聚变，但困难在于所实现的聚变堆释放的聚变能量极为巨大，不可控.

第 8 章

总结与展望

实现聚变能源是一项巨大的挑战，但依然值得人类持续追求直至实现. 从聚变的理论分析来看，有趣的是几乎所有的关键条件都处在临界值，既不低到让我们很容易就迈过门槛，又没有高到让我们觉得遥不可及（Dawson，1983）.

8.1 总　　结

本书对聚变能源研究涉及的最基础的物理过程和参数依赖关系进行了盘点，重点聚焦各种能量的关系，从而梳理了各种聚变方式所需的一些核心零级条件，比如指出温度、密度、约束时间各自只能在一定范围内取值以及得到不同角度下的劳森判据三乘积的要求.

最关键的影响因素来自聚变反应截面积的大小，使得可选的聚变燃料只有少数几种；然后是聚变原料，如原料的稀缺性、产物中子的能量和比例，这进一步限定了原料的选择；再就是聚变功率密度的限制使得密度不能太大也不能太小；库仑散射截面远大于聚变截面使其主要依靠热核聚变；轫致辐射与反应率的比值决定了聚变温度只能在一定范围内选取；能量增益要求在给定温度下，密度与能量约束时间的乘积有最小值，在聚变功率密度限定了等离子体密度的情况下，能量约束时间有最小值；能量约束时间也不能太长，否则会导致产物聚集，无法进一步发生有效聚变反应.

我们又针对磁约束聚变、惯性约束聚变、磁惯性约束聚变，建立了更具有针对性的模型，分析了更具体的参数要求，指出了磁约束氘-氚聚变已具有物理上的可行性，难度主要在于氚增殖和高能中子防护及发电的经济性；对于惯性约束，关键在于压缩率及驱动器效率，对氘-氚聚变目前已可达到物理可行性条件，对先进燃料则还有很大差距，达到工程和商业可行性也还有距离，如何经济性的发电也还是难题；对于磁惯性约束聚变而言，它可以基于磁约束的靶等离子体进行快速压缩，也可以基于惯性约束的靶等离子体加磁场改进约束. 如果是基于磁约束的靶等离子体，则会受限于等离子体比压以及压缩时间短导致约束时间短；如果是基于惯性约束的靶等离子体，则其可行性判据可基本参考惯性约束的判据.

同时，我们盘点了各种聚变方案，指出太阳的恒星聚变方式可行是因为靠强引力场使得密度极高，且可以有效约束辐射达百万年以上，这些条件在地面上无法达到；对于氢弹方式可行，关键在于原子弹提供的高压缩率以及可在一定程度上约束辐射，而最关键之处在于燃料多，使得对压缩率的要求不如可控惯性约束聚变的高，其特点是容易做大但难于做小，从而能量产出不可控.

对于磁约束的各种方案，托卡马克参数目前处于领先地位，可达到氘-氚聚变的科学可行性条件，但还存在等离子体电流大导致破裂的问题；仿星器参数在磁约束方案中仅次于托卡马克，且无电流导致破裂的风险，但难度在于工程极为复杂；其他磁约束方案的问题则主要是约束参数尚较低. 对于惯性约束聚变而言，以激光驱动的方式目前已经达到氘-氚聚变增益条件，但驱动器整体能效还需提高以及尚需解决发电问题. 磁惯性约束聚变方案有望达到氘-氚聚变参数，如 MagLIF、MAGO 等方案，但难以作为先进燃料，且实现脉冲式发电跟惯性约束聚变的难度相同.

对于其他方案，也各有各的挑战. 束流聚变存在增益低或能量密度低的局限. 电场约束需要极强的电场或者接近惯性约束，经济性难以满足. 冷聚变、晶格聚变等方式或尚缺乏有效的可重复性的实验证据，或能量产出太低. 缪子催化聚变则暂无经济性可言.

总之，对于任何一个基于已有方案优化的或者新提出的聚变能源方案，都需要首先通过本书所指出的零级量的定量检验，否则容易出现强调某一方面的优势，而忽略其他方面的劣势，从而导致综合性能更低. 对零级量的分析，也可为具体方案指出其需重点攻关突破的要点，比如是高密度还是高约束能力，是提高比压还是提高磁场等.

作为示例，我们列出一些问题清单，以供参考.

1. 核反应

※ 采用什么聚变燃料，氘-氚、氘-氘、氘-氦、氢-硼，还是其他？

※ 对应的燃料的优缺点是什么？

※ 是否为热核聚变或者接近热核聚变？如果是非热核聚变，当如何做到及如何维持？

※ 是否需要提高反应率？提高多少？如何做到？

※ 有无高能中子问题？如何防护？

※ 有无燃料增殖问题（氚、氦-3）？如何解决？

※ 劳森判据对应的温度、密度及能量约束时间条件是什么？

※ 聚变输出能量比输入能量的增益因子 Q 的目标值是多大？

※ 聚变燃料比例是多少？如何确定？

2. 约束方式

※ 采用哪种约束方式，磁约束、惯性约束、磁惯性约束，还是其他？

※ 轫致辐射是否透明？如果不透明，不透明度是多少？如果透明，轫致辐射能否被利用？

※ 是否有强的回旋辐射损失及回旋辐射能否被反射吸收？或者能采取哪些方式利用，其利用率能到多少？

※ 其他必备参数条件有哪些？比如是否需要热离子模式，需要多强的磁场，比压是多少及如何做到？

※ 通过什么方式达到所需的离子温度？

※ 所需的密度条件能维持多长时间？

※ 对约束时间的要求能否达到？

※ 聚变燃料燃烧率是多少？是否存在排杂质问题？

※ 温度、密度的空间分布如何？是采取较均匀点火的，还是局部点火的？

※ 是否有其他技术要求，比如电流驱动、强驱动器等？是如何做到的？

3. 发电

※ 主要方式是热转换发电还是直接发电？效率有多高？

※ 发电之外的能量能否被利用？如何利用？

※ 功率密度是多大？总功率有多大？

※ 装置尺寸多大？总输出功率有多大？

※ 整体经济性如何？

追问正确的问题才有助于我们更深刻地理解所面临的困难及寻找正确的攻关方向.

8.2 展　　望

可控聚变能源的挑战性极大，参数空间较为苛刻. 目前人们已经在磁约束聚变、惯性约束聚变等多个实验上，验证了氘-氚聚变增益的科学可行性. 但还面临燃料稀缺性、高能中子防护及发电等工程和经济性难题. 而氘-氘、氘-氦和氢-硼等先进燃料则参数要求更为极端，难度更高.

但通过本书的分析，我们认为没有证据表明可控聚变能源在原理上不可行，即使是氢-硼聚变，也有可实现的参数空间. 如本书开篇说的，科学史的经验教训告诉我们“只要未违反物理学定律的，再难也终将实现”，因此可控聚变能源依然值得人们投入直到实现. 另一方面，由于聚变研发追求极端参数，其研究过程中的衍生技术在其他领域可能会有较大应用.

在聚变能源研究历史上的每一次选择，都并非因为所选的路线容易实现，而是因为其他路线更难. 每次有新技术的突破，都有可能重新评估路线的难度，重新进行选择. 聚变能源的未来如何，需要看人类的集体智慧，这不是仅靠聚变科学家就能解决的，也包括其他科技领域的突破及政治经济环境的支持.

对于聚变能源的研究，或许可以借用数学家希尔伯特的一句话，“我们必将实现，我们终将实现”①.

本章要点

★ 对全文进行了总结，没有证据表明可控聚变能源在原理上不可行；

★ 聚变能源未来可期，但还需要人类的集体智慧.

① 希尔伯特原话：“我们必将知晓，我们终将知道”.

附录 A　一些基本信息

A.1　基本常数

真空导磁率 $\mu_0 = 4\pi \times 10^{-7}\,\mathrm{H \cdot m^{-1}}$

玻耳兹曼常数 $k_{\mathrm{B}} = 1.3807 \times 10^{-23}\,\mathrm{J \cdot K^{-1}}$

阿伏伽德罗常数 $N_{\mathrm{A}} = 6.0221 \times 10^{23}\,\mathrm{mol^{-1}}$

引力常数 $G = 6.6726 \times 10^{-11}\,\mathrm{m^3 \cdot s^{-2} \cdot kg^{-1}}$

电子电荷量 $e = 1.6022 \times 10^{-19}\,\mathrm{C}$

质子质量 $m_{\mathrm{p}} = 1.6726 \times 10^{-27}\,\mathrm{kg} = 938.27\,\mathrm{MeV}$

中子质量 $m_{\mathrm{n}} = 1.6749 \times 10^{-27}\,\mathrm{kg} = 939.57\,\mathrm{MeV}$

电子质量 $m_{\mathrm{e}} = 9.1094 \times 10^{-31}\,\mathrm{kg} = 0.511\,\mathrm{MeV}$

真空介电常数 $\epsilon_0 = 8.8542 \times 10^{-12}\,\mathrm{F \cdot m^{-1}}$

真空光速 $c = 2.99792458 \times 10^{8}\,\mathrm{m \cdot s^{-1}}$

普朗克常数 $h = 6.6261 \times 10^{-34}\,\mathrm{J \cdot s}$

经典电子半径 $r_{\mathrm{e}} = e^2/4\pi\epsilon_0 m_{\mathrm{e}} c^2 = 2.8179 \times 10^{-15}\,\mathrm{m}$

精细结构常数 $\alpha = e^2/2\epsilon_0 hc = 1/137.038$

质子电子质量比 $m_{\mathrm{p}}/m_{\mathrm{e}} = 1836.1$

Stefan-Boltzmann 黑体辐射常数[①] $\sigma = 5.6705 \times 10^{-8}\,\mathrm{W \cdot m^{-2} \cdot K^{-4}}$

重力加速度 $g = 9.8067\,\mathrm{m \cdot s^{-2}}$

① 为了与聚变反应截面 σ 区分，正文中我们把黑体辐射常数用 α 代替.

单位转换 $1\,\mathrm{eV} = 1.6022 \times 10^{-19}\,\mathrm{J} = 1.1604 \times 10^4\,\mathrm{K}$

A.2 基本数据

1 度电 $=1\,\mathrm{kW\cdot h}=3.6\times10^6\,\mathrm{J}=3.6\,\mathrm{MJ}$（约等于将 3.6 t 水提升 100 m）

1 卡 $=1\,\mathrm{g}$ 水升温 1°C 所需能量 $=4.1868\,\mathrm{J}$

1 当量 TNT（三硝基甲苯）$=4.184\,\mathrm{MJ\cdot kg^{-1}}$

石油和天然气的能量为 $40\sim55\,\mathrm{MJ\cdot kg^{-1}}$,取均值约 $45\,\mathrm{MJ\cdot kg^{-1}}$

煤的能量差异比较大,约 $20\,\mathrm{MJ\cdot kg^{-1}}$

干木材能量 $16\,\mathrm{MJ\cdot kg^{-1}}$

大气粒子数密度 $2.69 \times 10^{25}\,\mathrm{m^{-3}}$

1 大气压 $\approx 10^5\,\mathrm{Pa} \approx 10\,\mathrm{m}$ 深水压

马里亚纳海沟水深 $\approx 10^4\,\mathrm{m}$（海沟底部压力 $\approx 10^3$ 大气压）

材料承压极限约 $10^3\,\mathrm{MPa}$

自然铀（Natural uranium, 0.7% U-235 和 99.3% U-238），轻水堆（Light-water reactor,正常反应堆）,$500\ \mathrm{GJ\cdot kg^{-1}}$

自然铀, 轻水堆中 U 和 Pu 循环,$650\ \mathrm{GJ\cdot kg^{-1}}$

自然铀, 快中子反应堆（Fast-neutron reactor）,$28\,000\ \mathrm{GJ\cdot kg^{-1}}$

A.3 一些特征尺度

回旋半径将限制稳态磁约束装置,使其不能过小,即一般要求 $r > \rho_{\mathrm{ci}}$.

德拜长度（Debye length）

$$\lambda_{\mathrm{D}} = \left(\frac{\epsilon_0 k_{\mathrm{B}} T_{\mathrm{e}}}{n_{\mathrm{e}} e^2}\right)^{1/2} = 2.35 \times 10^5 \left(\frac{T_{\mathrm{e}}}{n_{\mathrm{e}}}\right)^{1/2}\ \mathrm{m}, \tag{A.1}$$

T_{e} 单位为 keV.

回旋半径(Larmor radius)

$$\rho_{\rm cs} = \frac{v_\perp}{\omega_{\rm cs}} = \frac{(2m_{\rm s}T_{\rm s})^{1/2}}{q_{\rm s}B}. \tag{A.2}$$

其中,取 $v_\perp^2 = 2v_T^2$, 热速度 $v_T = \sqrt{k_{\rm B}T/m}$, 回旋频率 $\omega_{cs} = qB/m_s$. 电子

$$\rho_{\rm ce} = 1.07 \times 10^{-4}\frac{T_{\rm e}^{1/2}}{B}\ {\rm m}, \tag{A.3}$$

$T_{\rm e}$ 单位为 keV.

离子

$$\rho_{\rm ci} = 4.57 \times 10^{-3}\left(\frac{m_{\rm i}}{m_{\rm p}}\right)^{1/2}\frac{T_{\rm i}^{1/2}}{Z_{\rm i}B}\ {\rm m}, \tag{A.4}$$

$T_{\rm i}$ 单位为 keV.

回旋频率

$$\omega_{\rm cs} = \frac{q_{\rm s}B}{m_{\rm s}},\ f_{\rm cs} = \frac{\omega_{\rm cs}}{2\pi}. \tag{A.5}$$

电子

$$\omega_{\rm ce} = \frac{eB}{m_{\rm e}} = 0.176 \times 10^{12}B\ \ {\rm s}^{-1},\ f_{\rm ce} = \frac{\omega_{ce}}{2\pi} = 28.0 \times 10^9 B\ (\ {\rm Hz}). \tag{A.6}$$

离子

$$\omega_{\rm ci} = \frac{ZeB}{m_{\rm i}} = 95.5 \times 10^6\frac{Z}{A}B\ {\rm s}^{-1},\ f_{\rm ci} = \frac{\omega_{\rm ci}}{2\pi} = 15.2 \times 10^6\frac{Z}{A}B\ ({\rm Hz}). \tag{A.7}$$

热速度(注意:有些定义可能差 $\sqrt{2}$)

$$v_{\rm Ts} = \sqrt{\frac{k_{\rm B}T_{\rm s}}{m_{\rm s}}}. \tag{A.8}$$

电子

$$v_{\rm Te} = 1.33 \times 10^7\sqrt{T_{\rm e}}{\rm m}\cdot{\rm s}^{-1}, \tag{A.9}$$

$T_{\rm e}$ 单位为 keV.

离子

$$v_{\rm Ti} = 3.09 \times 10^5\sqrt{\frac{T_{\rm i}}{A}}{\rm m}\cdot{\rm s}^{-1}, \tag{A.10}$$

$T_{\rm i}$ 单位为 keV.

碰撞平均自由程($v_T\times$ 碰撞时间),对于离子 $Z=1$ 时,电子

$$\lambda_{\rm e} = v_{\rm Te}\tau_{\rm e} = \left(\frac{k_{\rm B}T_{\rm e}}{m_{\rm e}}\right)^{1/2}\tau_{\rm e} = 1.44 \times 10^{23}\frac{T_{\rm e}^2}{n\ln\Lambda}\ {\rm m}$$

$$= 8.5 \times 10^{21} \frac{T_e^2}{n} \text{ m}, \tag{A.11}$$

T_e 单位为 keV,取 $\ln \Lambda \approx 17$. 对于离子

$$\lambda_i = v_{Ti}\tau_i \approx v_{Te}\tau_e = \lambda_e. \tag{A.12}$$

A.4 聚变反应截面和反应率数据

两个原子核(X_1 和 X_2)合并,发生聚变反应,形成重的 X_3 和轻的 X_4,通常表示为

$$X_1 + X_2 \longrightarrow X_3 + X_4, \tag{A.13}$$

或

$$X_1(x_2, x_4)X_3. \tag{A.14}$$

由于动量和能量守恒,释放的能量在聚变产物 X_3 和 X_4 中的分配与它们的质量成反比.

A.4.1 反应截面

核反应的速率由反应截面(cross section)σ 所表示,它通过一个等价的入射粒子打靶的靶面积来代表反应的概率,其数值与能量相关. 聚变反应截面通常由如下形式表述

$$\sigma(E) = \frac{S(E)}{E} e^{-\sqrt{E_G/E}}, \tag{A.15}$$

其中,E 是质心(centre-of-mass)能量

$$E = \frac{1}{2} m_r v^2, \quad v = |\boldsymbol{v}| = |\boldsymbol{v}_1 - \boldsymbol{v}_2|, \quad m_r = \frac{m_1 m_2}{m_1 + m_2}, \tag{A.16}$$

其中,$\boldsymbol{v}_1$ 和 $\boldsymbol{v}_2$ 分别为两个反应的原子核在实验室坐标中的速度. 原子核结构因子 $S(E)$(天体物理因子)通常对于能量是慢变的. 代表库仑势垒强度的伽莫夫 (Gamow) 能量

$$E_G = (Z_1 Z_2 \pi e^2)^2 \frac{2m}{\hbar^2} = (31.39 Z_1 Z_2)^2 A_r(\text{keV}), \quad A_r = \frac{m_r}{m_p}. \tag{A.17}$$

不同的数据源,反应截面有少量差别.Cox (1990) 列出了比较完整的热核聚变相关的核反应通道,并给出了 4 种先进燃料的截面数据. 我们这里只对少数几种反应截面高的有代表性的数据感兴趣,列在表 A.1 中.

我们主要对 5 种反应感兴趣,分别为 D-T、D-D-N、D-D-p、D-^{3}He、p-^{11}B 及 p-p,且我们尽量采用拟合公式.NRL 手册(Richardson,2019)上提供了部分轻元素的反应数据和拟合公式,但 Bosch (1992) 认为拟合精度不够. 因此我们对于 D-T、D-D-N、D-D-p、D-^{3}He 采用 Bosch (1992) 的数据(表 A.2)

$$S(E)=\frac{A_1+A_2E+A_3E^2+A_4E^3+A_5E^4}{1+B_1E+B_2E^2+B_3E^3+B_4E^4}. \tag{A.18}$$

其中,能量 E 的单位为 keV,截面单位为 $\mathrm{mb}(1\,\mathrm{mb}=10^{-31}\,\mathrm{m}^2)$.

对于 p-^{11}B,采用 Nevins (2000) 的拟合数据,由于有共振峰,因而进行分段描述. 同时,我们也采用 Sikora (2016) 数据作为对比.

对于 p-p,采用 Angulo (1999) 的数据

$$S(E)=3.94\times10^{-22}(1+11.7\times10^{-3}E+75\times10^{-6}E^2),\quad B_{\mathrm{G}}=22.20. \tag{A.19}$$

这些拟合公式,部分列在 Atzeni (2004) 中. 对于这里未列出的一些反应数据,在 Angulo (1999) 的详细综述文章中大都有提供,其中包括了上述几种反应的副反应及其他可能的先进燃料. 需要注意 $\mathrm{T+T}$、$\mathrm{T+{}^3He}$、$\mathrm{{}^3He+{}^3He}$、$\mathrm{p+{}^6Li}$ 也有较明显的反应截面,在完整计算聚变堆中的反应率时,也应该计入这些副反应. 本书主要讨论聚变的零阶量,暂不重点考虑这些副反应.

图 2.4展示了几种主要的聚变反应截面.

A.4.2 反应率

聚变反应率(reactivity)

$$\langle\sigma v\rangle=\iint \mathrm{d}\boldsymbol{v}_1\mathrm{d}\boldsymbol{v}_2\sigma(|\boldsymbol{v}_1-\boldsymbol{v}_2|)|\boldsymbol{v}_1-\boldsymbol{v}_2|f_1(\boldsymbol{v}_1)f_2(\boldsymbol{v}_2), \tag{A.20}$$

其中,f_1,f_2 分别为两种离子的归一化分布函数,即 $\int f_{1,2}\mathrm{d}\boldsymbol{v}=1$.

表 A.1　聚变截面数据 (Atzeni, 2004)

	Q(MeV)	$\langle Q_v \rangle$ (MeV)	$S(0)$ (keV, barn)	$\sqrt{E_G}$ (keV)	σ_{10keV} (barn)	σ_{100keV} (barn)	σ_{max} (barn)	E_{max} (keV)
主要可控聚变反应								
D+T⟶α+n	17.59		1.2×10^4	34.38	2.72×10^{-2}	3.43	5.0	64
D+T⟶ T+P	4.04		56	31.40	2.81×10^{-4}	3.3×10^{-2}	0.096	1250
D+T⟶ ^{3}He+n	3.27		54	31.40	2.78×10^{-4}	3.7×10^{-2}	0.11	1750
D+T⟶ $\alpha + \gamma$	23.85		4.2×10^{-3}	31.40				
T+T⟶α+2n	11.33		138	38.45	7.90×10^{-4}	3.4×10^{-2}	0.16	1000
先进燃料								
D+^{3}He⟶α+p	18.35		5.9×10^3	68.75	2.2×10^{-7}	0.1	0.9	250
D+^{6}Li⟶α+^{3}He	4.02		5.5×10^3	87.20	6×10^{-10}	7×10^{-3}	0.22	1500
p+^{7}Li⟶2α	17.35		80	88.11				
p+^{11}B⟶3α	8.68		2×10^5	150.3	(4.6×10^{17})	3×10^{-4}		550
质子–质子循环								
p+p⟶D+e$^+$ + v	1.44	0.27	4.0×10^{-22}	22.20	(3.6×10^{-26})	(4.4×10^{-25})		
D+p⟶^{3}He+γ	5.49		2.5×10^{-4}	25.64				
^{3}He+^{3}He⟶α+p	12.86		5.4×10^3	153.8				

表 A.2 Bosch (1992) 中 D-T、D-D-n、D-D-p、D-^{3}He 聚变截面数据的拟合系数 ($B_G = \sqrt{E_G}$)

系数	$T(d,n)^4He$		$^3He(d,p)^4He$		$D(d,p)T$	$D(d,p)^3He$
$B_G(\sqrt{keV})$	34.3827		68.7508		31.3970	31.3970
A_1	6.927×10^4	-1.4714×10^6	5.7501×10^6	-8.3993×10^5	5.5576×10^4	5.3701×10^4
A_2	7.454×10^8	0	2.5226×10^3	0	2.1054×10^2	3.3027×10^2
A_3	2.050×10^6	0	4.5566×10	0	-3.2638×10^{-2}	-1.2706×10^{-1}
A_4	5.2002×10^4	0	0	0	1.4987×10^{-6}	2.9327×10^{-5}
A_5	0	0	0	0	1.8181×10^{-10}	-2.5151×10^{-9}
B_1	6.38×10	-8.4127×10^{-3}	-3.1995×10^{-3}	-2.6830×10^{-3}	0	0
B_2	-9.95×10^{-1}	4.7983×10^{-6}	-8.5530×10^{-6}	1.1633×10^{-6}	0	0
B_3	6.981×10^{-5}	-1.0748×10^{-9}	5.9014×10^{-8}	-2.1332×10^{-10}	0	0
B_4	1.728×10^{-4}	8.5184×10^{-14}	0	1.4250×10^{-14}	0	0
能量范围 (keV)	$0.5 \sim 550$	$550 \sim 4700$	$0.3 \sim 900$	$900 \sim 4800$	$0.5 \sim 5000$	$0.5 \sim 4900$
$(\Delta S)_{max}$	1.9%	2.5%	2.2%	1.2%	2.0%	2.5%

单位体积单位时间内发生的核反应次数

$$R_{12}=\frac{n_1n_2}{1+\delta_{12}}\langle\sigma v\rangle, \tag{A.21}$$

其中,n_1 和 n_2 为两种核的数密度. 若两种核不同则 $\delta_{12}=0$;相同则 $\delta_{12}=1$,这是因为核相同时反应计算了 2 次.

对于两种离子都是麦氏分布时

$$f_{\mathrm{j}}(v)=\left(\frac{m_{\mathrm{j}}}{2\pi k_{\mathrm{B}}T_{\mathrm{j}}}\right)^{3/2}\exp\left(-\frac{m_{\mathrm{j}}v^2}{2k_{\mathrm{B}}T_{\mathrm{j}}}\right), \tag{A.22}$$

得 [Nevins00]

$$\langle\sigma v\rangle_{\mathrm{M}}=\sqrt{\frac{8}{\pi m_{\mathrm{r}}}}\cdot\frac{1}{(k_{\mathrm{B}}T_{\mathrm{r}})^{3/2}}\int_0^{\infty}\sigma(E)E\exp\left(-\frac{E}{k_{\mathrm{B}}T_{\mathrm{r}}}\right)\mathrm{d}E, \tag{A.23}$$

其中,有效温度为

$$T_{\mathrm{r}}=\frac{m_1T_2+m_2T_1}{m_1+m_2}. \tag{A.24}$$

由于 Bosch (1992) 等对 $\langle\sigma v\rangle_{\mathrm{M}}$ 的拟合区间主要在 100 keV 以下，因此本书不用拟合的公式而主要采用直接对反应截面进行数值积分的方法来计算，从而确保在 1~1 000 keV 内均尽可能准确.

对于 p-p 反应(由于反应率过低,实验很难测量,因此是通过理论模型给出的)

$$\begin{aligned}\langle\sigma v\rangle_{\mathrm{p\text{-}p}}\approx&1.32\times10^{-43}T^{-2/3}\exp\left(-\frac{14.93}{T^{1/3}}\right)\times(1+0.044T+2.03\times10^{-4}T^2\\&+2.25\times10^{-7}T^3-2.0672\times10^{-10}T^4)\ \mathrm{m^3\cdot s^{-1}}.\end{aligned} \tag{A.25}$$

在 1~10 keV 范围内，比 D-T 聚变低 24~25 个数量级. 在太阳中心，聚变反应放能约 $0.018\ \mathrm{W\cdot kg^{-1}}$,大致是人体新陈代谢能量的 1/50.

对于 D-T 反应,8~25 keV 内,人们通常还用简化的拟合式,误差在 15%内

$$\langle\sigma v\rangle_{\mathrm{D\text{-}T}}\approx1.1\times10^{-24}T^2\ \mathrm{m^3\cdot s^{-1}}. \tag{A.26}$$

同时注意，在高密度、极化、核外带电等情况下，反应率会有所不同. 这在 Atzeni (2004) 有一些讨论.

A.5 磁压强及比压 β

等离子体热压强

$$P = nk_{\mathrm{B}}T = \sum_s n_s k_{\mathrm{B}} T_s = 1.6 \times 10^4 n_{20} T_{\mathrm{keV}}(\mathrm{Pa}), \tag{A.27}$$

注意有多组分时,需要各组分的压强相加. 磁压强

$$P_{\mathrm{B}} = \frac{B^2}{2\mu_0} = 3.98 \times 10^5 B_{\mathrm{T}}^2(\mathrm{Pa}), \tag{A.28}$$

总磁压比及分组分的磁压比

$$\beta = \frac{P}{P_{\mathrm{B}}} = \frac{2\mu_0 P}{B^2}, \quad \beta_s = \frac{P_{\mathrm{s}}}{P_{\mathrm{B}}} = \frac{2\mu_0 P_{\mathrm{s}}}{B^2}. \tag{A.29}$$

注意温度的单位转换 $T_{\mathrm{keV}} = k_{\mathrm{B}}T/e$, 其中 T_{keV} 为以 keV 为单位时的温度, n_{20} 是以 $10^{20}\ \mathrm{m}^{-3}$ 为单位时的密度,B_{T} 是以特斯拉为单位的磁场. 其中,标准大气压压强 $1\,\mathrm{atm} = 1.013 \times 10^5\mathrm{Pa} \approx 10^5\,\mathrm{Pa}$,从而 1 大气压约对应 0.5 T 的磁场.

从表 A.3 可看到,如果考虑到磁约束装置通常 $\beta < 1$ 的限制,对于氘–氚堆,当前工程的磁体技术可达到要求;而对于氘–氘或者氘–氦堆,就需要提高约束,降低密度,或者发展强磁场技术了;而对于氢–硼堆,条件已非常苛刻,低密度(高约束)、强磁场技术均需要逼近技术极限. 而即使这些条件都实现了,还会存在其他问题,这在正文中有更系统的讨论.

表 A.3　典型聚变堆参数下磁压和热压 (注意以下密度为电子离子的密度之和)

典型装置	温度 T (keV)	密度 n (m^{-3})	磁场 B (T)	磁压 P_{B} (Pa)	热压 P (Pa)	β
物理实验	2	5×10^{19}	1	4.0×10^5	1.6×10^4	0.04
氘–氚堆	10	10^{20}	5	1.0×10^7	1.6×10^5	0.016
氘–氘/氘–氦堆	50	1×10^{21}	10	4.0×10^7	8.0×10^6	0.2
氢–硼堆	200	2×10^{21}	20	1.6×10^8	6.4×10^7	0.4

A.6 磁约束的比压 β 限制

磁约束的比压限制来自两个方面,第一个方面来自平衡,第二个方面来自不稳定性. 我们从一维平衡可以证明平均 $\beta < 1$.

磁流体平衡方程为

$$J \times B = \nabla P. \tag{A.30}$$

在柱坐标 (r,θ,z) 中的一维平衡可写为

$$J_\theta B_z - J_z B_\theta = \frac{\partial P}{\partial r}. \tag{A.31}$$

对理想 FRC,$B_\theta = 0$,用安培(Ampere)定律,$\mu_0 J = \nabla \times \boldsymbol{B}$,积分得到

$$P + \frac{B_z^2}{2\mu_0} = \frac{B_e^2}{2\mu_0} + \int \frac{B_z}{\mu_0}\left(\frac{\partial B_r}{\partial z}\right)\mathrm{d}r, \tag{A.32}$$

其中,B_e 为外部磁场大小,最后一项代表磁场曲率效应,在中平面准一维平衡中可以忽略. 从而得到

$$P + \frac{B_z^2}{2\mu_0} = \frac{B_\mathrm{e}^2}{2\mu_0}. \tag{A.33}$$

再由

$$\beta_\mathrm{local} = \frac{2\mu_0 P}{B^2}, \tag{A.34}$$

可以看出,在磁轴附近 $B \approx 0$,因此局域比压可 $\beta_\mathrm{local} \gg 1$. 但对于一个等离子体或聚变装置而言,我们常用的比压是指

$$\beta = \frac{2\mu_0 P}{B_\mathrm{e}^2}. \tag{A.35}$$

由于热压强 $P \geqslant 0$,和磁压强 $B^2/2\mu_0 \geqslant 0$,因此

$$0 \leqslant \beta \leqslant 1. \tag{A.36}$$

也即从力学平衡角度,比压的上限 $\beta_\mathrm{max} = 1$. 实际中,FRC 可做到 $\beta \approx 1$,球形托卡马克可做到 $\beta \approx 0.4$. 常规托卡马克,由于不稳定性限制,通常 $\beta \leqslant 0.1$.

在书中通过比压限制讨论磁约束及磁惯性约束的参数时,使用的零维模型,设定了 $\beta_\mathrm{max} = 1$. 同时讨论回旋辐射时也指出磁场不宜太高. 如果实际中能构造出 FRC 这种中

心区热压强大、磁场小，边界区热压强小、磁场大的位形，就可保证满足磁约束的平衡和稳定性要求，又大幅降低比压限制和回旋辐射的限制.

这也是一些研究者认为 FRC 是有希望实现经济性聚变能源的一种位形的原因之一. 只是实际上，当前 FRC 实验的能量约束时间还较短，小于 10 ms.FRC 的刚性转子(Rigid Rotor)径向平衡模型为

$$P=\frac{B_{\mathrm{e}}^2}{2\mu_0}\cdot\operatorname{sech}^2(K\cdot u),\quad u=\frac{2r^2}{R_{\mathrm{s}}^2-1}, \tag{A.37}$$

其中，u 为径向小半径变量，R_{s} 为分界面(separatrix)半径，B_{e} 是真空区外磁场大小，K 是自由参数. 图 A.1 展示了典型的比压和磁场剖面.

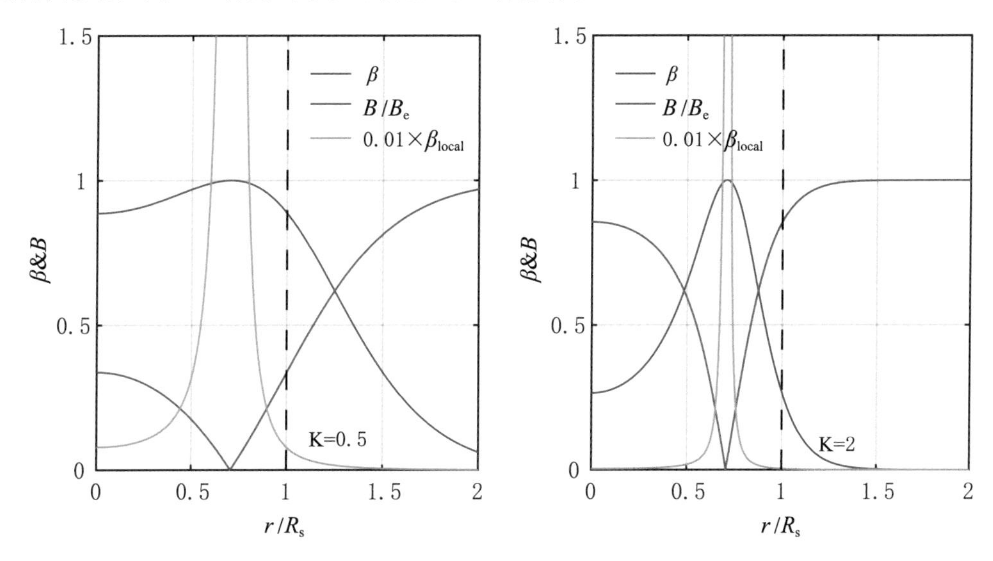

图 A.1　刚性转子平衡模型中的局域比压

(可局域 $\beta_{\mathrm{local}}\gg 1$，从而可以突破比压限制和降低磁场导致的回旋辐射)

A.7　非中性等离子体的电场

在考虑准稳态等离子体时，可以用泊松方程来计算电场与电荷密度的关系

$$\nabla\cdot\boldsymbol{E}=\frac{\rho}{\epsilon_0},\quad \rho=\sum_j q_j n_j, \tag{A.38}$$

其中,$\boldsymbol{E} = -\nabla\phi$ 为电场,ϕ 为电势,ρ 为电荷密度,q_j 和 n_j 分别为粒子种类 j 的电荷量和粒子数密度,ϵ_0 为真空介电常数,e 为电子电荷量.

在柱位形下,得到

$$\nabla \cdot \boldsymbol{E} = \frac{1}{r} \cdot \frac{\partial}{\partial r}(rE_{\mathrm{r}}) = \frac{\sum_j q_j n_j}{\epsilon_0}. \tag{A.39}$$

假设只有电子及电荷数为 Z 的离子

$$\frac{1}{r} \cdot \frac{\partial}{\partial r}(rE_{\mathrm{r}}) = \frac{e(Zn_{\mathrm{i}} - n_{\mathrm{e}})}{\epsilon_0} = \frac{e\delta n(r)}{\epsilon_0}, \tag{A.40}$$

其中,$\delta n = Zn_{\mathrm{i}} - n_{\mathrm{e}}$ 为偏离准中性的粒子数密度. 求解上述方程,得到

$$E_{\mathrm{r}}(r) = \frac{1}{r} \cdot \frac{e}{\epsilon_0} \cdot \int r\delta n(r)\mathrm{d}r. \tag{A.41}$$

为了有数量级的认识,我们假定 $\delta n(r)$ 在 $r \in [0,a)$ 为常数,则径向电场

$$E_{\mathrm{r}} = \frac{er\delta n}{2\epsilon_0}, \tag{A.42}$$

径向电势差

$$\phi(r) = \int E(r)\mathrm{d}r = \frac{er^2\delta n}{4\epsilon_0}. \tag{A.43}$$

即

$$\delta n(r)_{(\mathrm{m}^{-3})} = \frac{4\epsilon_0}{ea^2}\phi(a) = 2.21 \times 10^8 \frac{\phi_{(V)}}{a^2_{(\mathrm{m})}}. \tag{A.44}$$

则对于 $a = 1\,\mathrm{m}$ 的等离子体,假如电势差为 $100\,\mathrm{kV}$,也即,可以把电子加速到 $100\,\mathrm{keV}$,对应的密度差为

$$\delta n(r)_{(\mathrm{m}^{-3})} = 2.21 \times 10^8 \times \frac{10^5}{1^2} = 2.21 \times 10^{13}\ \mathrm{m}^{-3}. \tag{A.45}$$

结论及讨论:

(1) 对于密度为 $10^{17}\mathrm{m}^{-3}$ 的等离子体,即使内部能形成高达 $100\,\mathrm{kV}$ 的电场,其偏离准中性的幅度也只有约万分之一. 这也是为什么大部分情况下,可以认为聚变等离子体是准中性的,即 $Zn_{\mathrm{i}} \approx n_{\mathrm{e}}$.

(2) 非中性等离子体一般密度很低,一般为 $n < 10^{14}\,\mathrm{m}^{-3}$.

(3) 如果能实现高密度的非中性等离子体, 那么确实能给聚变带来新的可能. 问题是,如何实现高密度的非中性等离子体以及会有哪些困难.

A.8 等离子体电流与载流密度

我们讨论电流的本质,并看看定量关系. 电流密度 J 来自电荷的定向运动 v_j,即

$$J=\sum_j q_j n_j v_j. \tag{A.46}$$

总电流 $I=J\cdot S$,S 为载流面积. 如果只考虑电子,并且假定所有电子的平均定向速度为 v_{d},则

$$J=en_{\mathrm{e}}v_{\mathrm{d}}=1.6022\cdot n_{\mathrm{e}(10^{18}\mathrm{m}^{-3})}\cdot v_{\mathrm{d}(10^7\mathrm{m}\cdot\mathrm{s}^{-1})}\ (\mathrm{MA}\cdot\mathrm{m}^{-2}). \tag{A.47}$$

注意到电子相对论能量为 0.511 MeV,则速度 v_{d} 对应的能量为

$$E=0.511\frac{v_{\mathrm{d}}^2}{c^2}\ \mathrm{MeV}=0.568v_{\mathrm{d}(10^7\mathrm{m}\cdot\mathrm{s}^{-1})}^2\ \mathrm{keV}. \tag{A.48}$$

也即,密度 $10^{18}\,\mathrm{m}^{-3}$,定向能量为 568 eV(即定向速度 $10^7\,\mathrm{m}\cdot\mathrm{s}^{-1}$)的电子,可以产生 $1.6022\,\mathrm{MA}\cdot\mathrm{m}^{-2}$ 的电流. 对于质子,相对论能量为 938 MeV,即

$$E=938\frac{v_{\mathrm{d}}^2}{c^2}\ \mathrm{MeV}=10.4v_{\mathrm{d}(10^6\mathrm{m}\cdot\mathrm{s}^{-1})}^2\ \mathrm{keV}. \tag{A.49}$$

表 A.4 列出了典型密度和漂移速度下的电流密度. 可见,同样的能量电子携带的电流远大于离子的;提高电流密度要么提高定向速度,要么提高密度;速度的上限是光速,所以达到一定能量时要再度提高电流,则需要提高载流密度或面积.

表 A.4　典型密度和漂移速度下的电流密度

	密度 (m^{-3})	定向能量 (keV)	定向速度 ($\mathrm{m}\cdot\mathrm{s}^{-1}$)	电流密度 ($\mathrm{MA}\cdot\mathrm{m}^{-2}$)
电子	10^{18}	0.568	10^7	1.6
电子	10^{19}	56.8	10^8	160
质子	10^{19}	10.4	10^6	16
质子	10^{19}	200	4.4×10^6	70

同时注意,定向电流会产生对应的垂直方向的磁场. 典型的长直电流产生的磁场为

$$B=\frac{\mu_0 I}{2\pi r}=0.2\frac{I_{(\mathrm{MA})}}{r_{(\mathrm{m})}}\ (\mathrm{T}). \tag{A.50}$$

而圆环形电流圈在几何中心处产生的磁场为

$$B = \frac{\mu_0 I}{2r} = 0.628 \frac{I_{(\mathrm{MA})}}{r_{(\mathrm{m})}}\ (\mathrm{T}). \tag{A.51}$$

从以上值可看到，典型的尺寸 0.1 m 的脉冲聚变装置，如果磁场为 1 T 左右，则对应的电流为 MA 级别. 要进一步提高参数，则要么尺寸做到更小，要么需要更大的驱动器.

A.9 聚变加热

聚变三乘积参数为密度、能量约束时间和离子温度，密度本身并不难实现高参数，约束时间由约束方式决定；唯有离子温度是实实在在需要直接克服的，有必要探讨哪些技术手段有望帮助实现聚变所需的温度条件. 对于氘–氚聚变，我们需要 5~30 keV 的离子温度；对于氘–氘及氘–氦 3，我们大概需要 30~100 keV 离子温度；对于氢–硼，目前需要 150~400 keV. 这样高的温度，如何达到?

对于惯性约束聚变，通常是由驱动器本身及快速压缩实现高温等离子体，比如强激光能量、Z 箍缩的强电流、氢弹的 X 射线.

对于磁约束，最有效的方式是欧姆加热，由于等离子体有电阻，可通过变压器原理在等离子体上施加电压产生电流，再通过电阻的消耗把能量传给等离子体进行加热. 欧姆加热和磁压缩加热，都是利用外部线圈电流的快速爬升，实现驱动，可归为电磁加热. 但由于等离子体电阻随温度升高而快速降低，欧姆驱动通常只能把等离子体加热到千电子伏特的量级.

因此，磁约束聚变的辅助加热尤为重要，常用的方式包括波加热、高能粒子加热. 前者包括各频段的等离子体波，如高频电子回旋（ECRH，通常 50 GHz 以上）、中频低杂波（LHW）、低频离子回旋（ICRF）和阿尔芬波（通常 10 MHz 以下）. 后者包括聚变带电产物和中性束（NBI）.

磁惯性约束中，如 FRC，则主要是通过电容器的脉冲电路进行线圈电磁感应电离、加热、压缩.

现有加热方式，加热到氘–氚聚变的 10 keV 级别温度要求，难度不大，主要在于成本. 而要把离子加热到先进燃料所需要的 50 keV 以上，甚至 200 keV，目前挑战性极大. 对于惯性约束和磁惯性约束，主要在于驱动器的强度. 对于磁约束，目前可能的方式是中性束和离子回旋加热，其中中性束是通过加速器的方式产生高能的束流，中性化后注入等离子体，通过电离、碰撞等过程把能量传给主等离子体. 加速器可以较容易的实现几十、几百千电子伏特的束流能量.JT60U 已演示过通过中性束实现接近 50 亿度的等离子体. 离子回旋波加热则是等离子体波加热方式中唯一一种可有效直接加热离子的，其他波加热方式主要加热电子，再通过电子离子的碰撞间接加热离子. 然而，目前尚无实验演示离子回旋可加热到 30 keV 以上. 中性束主要的问题在于成本高，且在聚变堆参数下，由于穿透深度问题，需要高能束，这需要依靠负离子源技术以提高中性化率. 最终实现聚变产物带电粒子的直接加热，达到自持.

A.10 热力学定律与聚变能源关系

热力学第一定律是能量守恒定律. 该定律指出了“第一类永动机”不可行. 在本书中，几乎处处体现了能量守恒定律，包括聚变产物能量的分配、推导劳森判据的能量平衡等.

热力学第二定律有几种表述方式：克劳修斯表述为热量可以自发地从温度高的物体传递到温度低的物体，但不可能自发地从温度低的物体传递到温度高的物体；开尔文–普朗克表述为不可能从单一热源吸取热量，并将这热量完全变为功，而不产生其他影响；熵增表述为孤立系统的熵永不减小. 这条定律在聚变中也体现得很明显，比如它指出了为何聚变能源研究基本上要接近热化分布以及为何热离子模式难维持，为何各组分的温度、速度差在无外源时会趋同. 这条定律也指出了“第二类永动机”不可行以及热机效率无法做到 100%.

另两条热力学定律我们在聚变研究中通常无需额外关注. 热力学第三定律：通常表述为绝对零度时，所有纯物质的完美晶体的熵值为零，或者绝对零度（T=0 K）不可达到. 热力学第零定律：如果两个热力学系统均与第三个热力学系统处于热平衡，那么它们也必定处于热平衡，也就是说热平衡是传递的.

整体而言，聚变能源研究中一些潜在因素可能带来重大突破的方向，主要与热力学第二定律有关，如提高发电效率、通过非热化等离子体提高聚变反应率、通过热离子模式降低聚变条件等. 而这些潜在方案能实现多大程度的突破也由第二定律所限制，其定量值则主要是求解碰撞的关于粒子分布函数演化的动力学 Fokker-Planck 方程，尽管在本书的讨论主要用的是其最简化的退化模型，比如大部分计算可以用碰撞、热交换、慢化等特征时间来代替. 违背该定律的方案,均是不可行的.Rider (1995) 通过计算 Fokker-Planck 方程,排除了一些非热化聚变方式的可行性,指出维持对应的非热化状态所需消耗的能量大于聚变产出的能量.

A.11 相关主要参考文献

Bishop (1958) 是第一份系统阐述美国 Sherwood 聚变能源研究计划的解密文档. 从这份文档中我们可以看到今天研究的大部分聚变核心问题,如聚变方案、聚变所需温度密度和约束等要求、加热、诊断、辐射等,均有谈及.Glasstone (1960) 是早期较完备的一本介绍可控聚变基本原理和方式的书. Freidberg (2007) 是关于聚变的较好的教学文献,对碰撞、输运、聚变物理和工程、部分聚变方案,均有较好的描述. Roth (1986) 主要从工程等限制因素对聚变能源方案进行了系统阐述. Teller (1981) 则是对磁约束的方方面面讨论得较细致,其中最后一章由 Dawson 编写的先进燃料部分,则是非氘–氚聚变研究的重要文献.Wesson (2011) 阐述了托卡马克的方方面面,主要针对氘–氚聚变. Atzeni (2004) 主题是惯性约束聚变,其第 1 章对聚变核反应进行了细致全面的阐述,是较全面的参考文献.Parisi (2018) 从科普的角度描述了聚变能源研究情况和涉及的基本问题和难点. Long (2018) 系统地对磁惯性约束聚变的前景进行了评估. Ryzhkov (2019) 讨论了关于磁惯性约束聚变.Reinders(2021) 系统梳理了聚变研究的脉络,但结论对聚变能源的未来表示极为悲观、失望.Chen(2011) 科普了聚变能源研究的各方面情况. Hartwig (2017) 讨论了聚变的底层逻辑,认为强磁场托卡马克才是最值得研究的方向. Kikuchi (2012) 对聚变物理进行了较详细的介绍.Dolan (1981) 全面系统地讨论了聚变原理、实验和工程相关问题,Dolan (2013) 侧重从工程角度讨论磁约束聚变.Gross (1984) 提供了相当多的聚变和等离子体相关公式、数据的汇总.Choi (1977) 的会议文集较详细地汇总了当时先进燃料聚变的研究.Rose (1961)、Artsimovich (1965)、Kammash (1975)、Raeder (1986),也是早期较好地对聚变研究的宏观总结. 卢鹤绂 (1960) 则是国内第一本详细的关于聚变研究的汇总文献. 国内也先后出版过一些从大众科普到专业介绍聚变原理的著作,如胡希伟 (1981)、朱士尧 (1992)、李银安 (1992)、王乃彦 (2001)和王淦昌 (2005).

附录 B　托卡马克系统程序

系统程序（system code）是指根据基本的物理、工程、经济性等参数关系和限定条件，联立成一个参数间相互依赖的完整数学模型，对装置基本参数进行系统设计的程序. 它通常是零维模型，只涉及简单的函数方程，不涉及复杂的微分方程. 文献中用得较多的托卡马克参数设计的系统程序，由于其中用到一些关系复杂但可靠度又不高的定标律，通常会有参数敏感性，也即某个参数的微弱变化可能导致结果出现巨大的差异.

完整的系统程序一般包含物理、工程及经济性三个模块. 这里我们建立以托卡马克为基础的装置物理设计模型，暂不考虑细致的工程和经济性模块，梳理参数依赖关系，以定义式、核反应截面、辐射、工程限制等作为主要的模型依据，把一些核心参数作为模型的输入量，对于可靠度不高的公式（如 ITER98 约束时间定标率），采用后验的方式以避免参数敏感性. 在这个模型下，不管是 L 模、H 模还是其他约束模型，都在同一个模型下处理，它们的差别只体现在剖面因子、约束时间因子等少量几个输入参数，或者少数一两个模型方程. 结果最终以 POPCON（Plasma OPerating CONtours，等离子体运行参数等高线图）形式展示，从而形成对参数的优化设计.

相较于前文的零级模型，这里的模型主要是增加了剖面非均匀性等效应，并引入了一些实际实验相关的物理知识，从而更贴合实际装置.

B.1 模　　型

模型分为几何位形和物理关系两部分以及一些主要的后验物理量.

B.1.1 位形与几何关系

在本模型中,如图 B.1 所示,我们假设装置内壁和最外层闭合磁面都是由在高场侧和低场侧的两个椭圆拼接而成的,这里的装置几何满足的关系符合文献(Stambaugh,1998,2011;Petty,2003). 位形假设为在 $(R_\delta, Z_{\max})$ 左边的最外层闭合磁面曲线满足的方程为

$$(R - R_0 + \delta a)^2 + \left(\frac{1-\delta}{\kappa}\right)^2 Z^2 = a^2(1-\delta)^2, \tag{B.1}$$

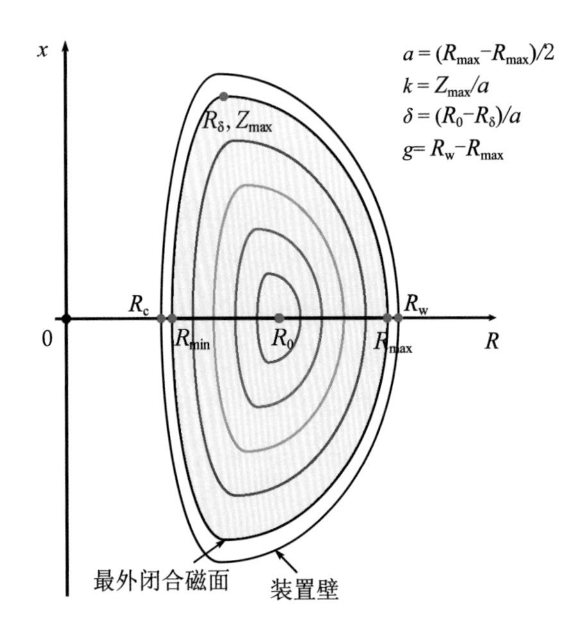

图 B.1　托卡马克位形的极向截面模型

装置左壁设计形状

$$[R-R_0+\delta(a+g)]^2+\left(\frac{1-\delta}{\kappa}\right)^2 Z^2=(a+g)^2(1-\delta)^2. \tag{B.2}$$

在 $(R_\delta, Z_{\max})$ 右边的最外层闭合磁面曲线满足的方程为

$$(R-R_0+\delta a)^2+\left(\frac{1+\delta}{\kappa}\right)^2 Z^2=a^2(1+\delta)^2, \tag{B.3}$$

装置右壁设计形状

$$[R-R_0+\delta(a+g)]^2+\left(\frac{1+\delta}{\kappa}\right)^2 Z^2=(a+g)^2(1+\delta)^2. \tag{B.4}$$

在以上模型中, 等离子体左侧和右侧椭圆的半宽分别为 $a(1-\delta)$ 和 $a(1+\delta)$, 高均为 $Z_{\max}=\kappa a$,其在大半径方向的中心为 R_0. 对于装置壁,与等离子体类似,大半径方向中心也为 R_0,左、右椭圆半宽及高度,则把表达式中 a 换为 $a+g$.

作为输入量的几何参数为 $(R_0, A, \delta, \kappa, g)$,其中 R_0 为等离子体大半径,a 为小半径,δ 为三角度,κ 为拉长度,$A=R_0/a$ 为环径比,g 为等离子体边界到装置壁的距离. 从而真空室内壁到中心的半径和装置的环径比分别为

$$R_{\mathrm{c}}=R_0-a-g, \quad A_{\mathrm{d}}=\frac{R_0}{g+a}, \tag{B.5}$$

等离子体体积和装置体积表达式分别为

$$V_{\mathrm{p}}=\left[2\pi^2\kappa(A-\delta)+\frac{16}{3}\delta\pi\kappa\right]a^3, \tag{B.6}$$

$$V_{\mathrm{d}}=\left[2\pi^2\kappa(A_{\mathrm{d}}-\delta)+\frac{16}{3}\delta\pi\kappa\right](a+g)^3, \tag{B.7}$$

等离子体及装置表面积分别近似为(Petty (2003) 用 $A_{\text{wall}}=(2\pi R)(2\pi a)\sqrt{0.5(1+\kappa^2)}$,表面积只在算壁负载时用到,不影响其他量的计算)

$$S_{\mathrm{p}}=(4\pi^2 A\kappa^{0.65}-4\kappa\delta)a^2, \tag{B.8}$$

$$S_{\mathrm{w}}=(4\pi^2 A_{\mathrm{d}}\kappa^{0.65}-4\kappa\delta)(a+g)^2. \tag{B.9}$$

如果 $g=0$,则代表等离子体紧贴装置内壁,$A_{\mathrm{d}}=A, V_{\mathrm{p}}=V_{\mathrm{d}}, S_{\mathrm{p}}=S_{\mathrm{w}}$. 需要注意的是,这里定义的大半径 R_0 是等离子体几何中心的半径,而通常实际平衡位形中磁轴的半径会有一定差别,其差别来源于 Shafranov 位移. 这个差别会对设计的参数有少量影响,但对零维设计参数不会带来本质影响. 我们这里为了简单,假定 R_0 就是磁轴.

在本模型中,我们假设采用如图 B.2 所示的温度和密度剖面的形式,模型方程为

$$n(x)=n_0(1-x^2)^{S_n}, \tag{B.10}$$

$$T(x) = T_0(1 - x^2)^{S_T}, \tag{B.11}$$

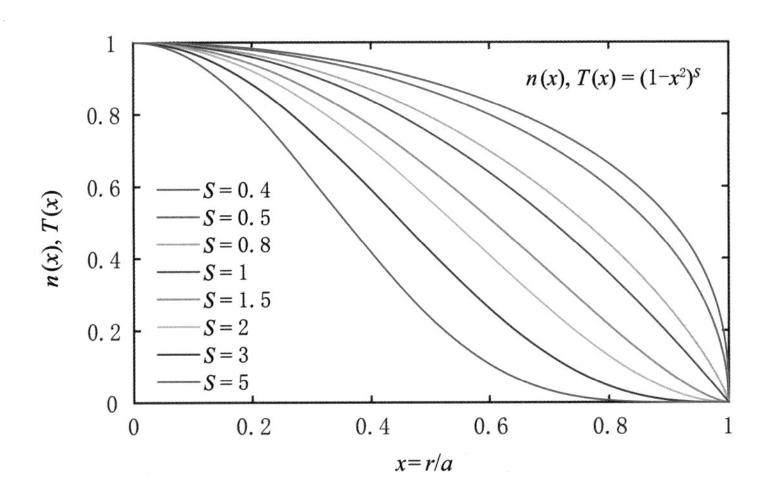

图 B.2　温度和密度的径向剖面

它能够近似描述 H 模下具有台基的等离子体剖面形状，其中 $x = r/a$，r 为小半径方向离磁轴 R_0 的尺度，脚标“0”代表磁轴上的值. 随着 S_n，S_T 的减小，台基的效应会增强. 对剖面进行平均，得到体平均和线平均值如下：

$$\langle n \rangle = \int_0^1 n_0(1 - x^2)^{S_n} 2x\mathrm{d}x = \frac{n_0}{1 + S_n}, \tag{B.12}$$

$$\langle T \rangle = \int_0^1 T_0(1 - x^2)^{S_T} 2x\mathrm{d}x = \frac{T_0}{1 + S_T}, \tag{B.13}$$

$$\langle n \rangle_l = \int_0^1 n_0(1 - x^2)^{S_n} \mathrm{d}x = \frac{\sqrt{\pi}}{2} \cdot \frac{\Gamma(S_n + 1)}{\Gamma(S_n + 1.5)} n_0, \tag{B.14}$$

$$\langle T \rangle_l = \int_0^1 T_0(1 - x^2)^{S_T} \mathrm{d}x = \frac{\sqrt{\pi}}{2} \cdot \frac{\Gamma(S_n + 1)}{\Gamma(S_T + 1.5)} T_0. \tag{B.15}$$

我们假定所有组分的密度剖面因子均为同一 S_n，温度剖面因子也为同一 S_T.

B.1.2　物理关系

等离子体离子组分为两种参与核反应的离子、氦灰及其他杂质，对应的密度分别为 n_1，n_2，n_{He}，n_{imp}，电荷数为 Z_1，Z_2，Z_{He}，Z_{imp}，其中 $Z_{\mathrm{He}} = 2$，则由准中性条件，离子和电子

密度

$$n_{\mathrm{i}}=\frac{n_1+n_2}{1+\delta_{12}}+n_{\mathrm{He}}+n_{\mathrm{imp}}, \tag{B.16}$$

$$n_{\mathrm{e}}=\frac{n_1Z_1+n_2Z_2}{1+\delta_{12}}+n_{\mathrm{He}}Z_{\mathrm{He}}+n_{\mathrm{imp}}Z_{\mathrm{imp}}, \tag{B.17}$$

对于同种离子 $\delta_{12}=1$,对于不同种离子 $\delta_{12}=0$. 平均电荷数及有效电荷数

$$Z_{\mathrm{i}}=\frac{n_{\mathrm{e}}}{n_{\mathrm{i}}}, \tag{B.18}$$

$$Z_{\mathrm{eff}}=\frac{\left(\frac{n_1Z_1^2+n_2Z_2^2}{1+\delta_{12}}+n_{\mathrm{He}}Z_{\mathrm{He}}^2+n_{\mathrm{imp}}Z_{\mathrm{imp}}^2\right)}{n_{\mathrm{e}}}. \tag{B.19}$$

我们假定所有离子的温度均为 T_{i}, 电子温度为 $T_{\mathrm{e}}=f_{\mathrm{T}}T_{\mathrm{i}}$. 参与反应的两种主离子的密度 $n_{12}=(n_1+n_2)/(1+\delta_{12})$, 比例 $f_{12}=n_{12}/n_{\mathrm{i}}$, 氦离子比例 $f_{\mathrm{He}}=n_{\mathrm{He}}/n_{\mathrm{i}}$, 杂质比例 $f_{\mathrm{imp}}=n_{\mathrm{imp}}/n_{\mathrm{i}}$. 我们进一步设置, 第一种离子占比 $x_1=n_1/n_{12}$, 第二种离子占比 $x_2=n_2/n_{12}$. 如果两种离子相同,$x_1=x_2=1$;如果不同,$x_2=1-x_1$. 从而

$$f_{12}+f_{\mathrm{He}}+f_{\mathrm{imp}}=1, \tag{B.20}$$

$$\frac{f_{12}(x_1Z_1+x_2Z_2)}{1+\delta_{12}}+f_{\mathrm{He}}Z_{\mathrm{He}}+f_{\mathrm{imp}}Z_{\mathrm{imp}}=1. \tag{B.21}$$

总聚变功率为

$$P_{\mathrm{fus}}=\frac{Y}{1+\delta_{12}}\int n_1n_2\langle\sigma v\rangle\mathrm{d}V=\frac{Y}{1+\delta_{12}}n_{10}n_{20}\varPhi\cdot V_{\mathrm{p}}, \tag{B.12}$$

$$\varPhi=2\int_0^1(1-x^2)^{2S_{\mathrm{n}}}\langle\sigma v\rangle x\mathrm{d}x, \tag{B.23}$$

其中,Y 为单次核反应的放能,反应率 $\langle\sigma v\rangle$ 为离子有效温度 $T_{\mathrm{i}}(x)$ 的函数. 考虑潜在的反应率增益,我们依然假定这些因素归为一个相对于麦氏分布的放大因子 f_σ 中,也即

$$\langle\sigma v\rangle=f_\sigma\langle\sigma v\rangle_{\mathrm{M}}. \tag{B.24}$$

韧致辐射(Nevins,1998)

$$P_{\mathrm{brem}}=C_{\mathrm{B}}n_{\mathrm{e0}}^2\sqrt{k_{\mathrm{B}}T_{\mathrm{e0}}}V_{\mathrm{p}}\left\{Z_{\mathrm{eff}}\left[\frac{1}{1+2S_{\mathrm{n}}+0.5S_{\mathrm{T}}}+\frac{0.7936}{1+2S_{\mathrm{n}}+1.5S_{\mathrm{T}}}\cdot\frac{k_{\mathrm{B}}T_{\mathrm{e0}}}{m_{\mathrm{e}}c^2}\right.\right.$$
$$\left.\left.+\frac{1.874}{1+2S_{\mathrm{n}}+2.5S_{\mathrm{T}}}\left(\frac{k_{\mathrm{B}}T_{\mathrm{e0}}}{m_{\mathrm{e}}c^2}\right)^2\right]+\frac{3}{\sqrt{2}(1+2S_{\mathrm{n}}+1.5S_{\mathrm{T}})}\cdot\frac{k_{\mathrm{B}}T_{\mathrm{e0}}}{m_{\mathrm{e}}c^2}\right\}\ (\mathrm{MW}). \tag{B.25}$$

其中,$C_{\mathrm{B}}=5.34\times10^{-43}$,温度 $k_{\mathrm{B}}T_{\mathrm{e}}$ 和能量 $m_{\mathrm{e}}c^2$ 单位为 keV,密度 n_{e} 单位为 m^{-3}. 回旋辐射我们采用 Costley(2015)一样的 [公式来自 Kukushkin(2009)].

$$P_{\mathrm{cycl}}=4.14\times10^{-7}n_{\mathrm{eff}}^{0.5}T_{\mathrm{eff}}^{2.5}B_{\mathrm{T0}}^{2.5}(1-R_{\mathrm{w}})^{0.5}\left(1+2.5\frac{T_{\mathrm{eff}}}{511}\right)\cdot\frac{1}{a_{\mathrm{eff}}^{0.5}}V_{\mathrm{p}}\ (\mathrm{MW}), \tag{B.26}$$

$$n_{\rm eff}=\langle n_{\rm e}\rangle=\frac{n_{\rm e0}}{(1+S_{\rm n})},\quad a_{\rm eff}=a\kappa^{0.5}, \tag{B.27}$$

$$T_{\rm eff}=T_{\rm e0}\int_0^1(1-x^2)^{S_{\rm T}}{\rm d}x\neq\langle T_{\rm e}\rangle=2T_{\rm e0}\int_0^1(1-x^2)^{S_{\rm T}}x{\rm d}x, \tag{B.28}$$

其中,$R_{\rm w}$ 为壁反射率,温度 $T_{\rm e}$ 单位为 keV,密度 $n_{\rm eff}$ 单位为 $10^{20}{\rm m}^{-3}$,磁场 $B_{\rm T0}$ 单位为 T,小半径 $a_{\rm eff}$ 单位为 m.Kukushkin (2009) 原文中取 $V_{\rm p}=2\pi R_0\pi a_{\rm eff}^2$,无三角度 δ 的效应,这里我们简单替换为前文的 $V_{\rm p}$. 对于回旋辐射大小的准确估计比较难,对于得到的结论,我们可以简单的把它归入对壁反射系数的要求 $R_{\rm w}$ 中,也即如果实际回旋辐射大于上述公式给出的值,则代表对壁反射 R_w 的要求更高.

等离子体内能为

$$E_{\rm th}=\frac{3}{2}k_{\rm B}\int(n_{\rm e}T_{\rm e}+n_{\rm i}T_{\rm i}){\rm d}V=\frac{3}{2}k_{\rm B}\frac{n_{\rm i0}T_{\rm i0}+n_{\rm e0}T_{\rm e0}}{1+S_{\rm n}+S_{\rm T}}V_{\rm p}. \tag{B.29}$$

稳态时的能量平衡

$$\frac{{\rm d}E_{\rm th}}{{\rm d}t}=-\frac{E_{\rm th}}{\tau_{\rm E}}+f_{\rm ion}P_{\rm fus}+P_{\rm heat}-P_{\rm rad}=0, \tag{B.30}$$

以上我们采用了通常的系统建模代码(Costley, 2015)中的做法,把聚变功率 $P_{\rm fus}$ 中带电产物的能量全部作为能量输入项,比如对于氘–氚聚变而言带电产物能量只占总聚变能量的 $1/5$, $f_{\rm ion}=0.2$;对于氢–硼聚变而言聚变产物的能量全部由带电的阿尔法离子携带, $f_{\rm ion}=1$. 辐射功率只考虑轫致辐射和回旋辐射 $P_{\rm rad}=P_{\rm brem}+P_{\rm cycl}$.$P_{\rm heat}$ 指外部加热功率,得到

$$P_{\rm heat}=P_{\rm rad}+\frac{E_{\rm th}}{\tau_{\rm E}}-f_{\rm ion}P_{\rm fus}, \tag{B.31}$$

聚变增益因子定义为

$$Q_{\rm fus}\equiv\frac{P_{\rm fus}}{P_{\rm heat}}. \tag{B.32}$$

B.1.3 后验参数

等离子体比压

$$\beta_{\rm T}=\frac{2\mu_0k_{\rm B}\int(n_{\rm i}T_{\rm i}+n_{\rm e}T_{\rm e}){\rm d}V}{B_{\rm T0}^2}=\frac{2\mu_0k_{\rm B}(n_{\rm i}T_{\rm i}+n_{\rm e}T_{\rm e})}{(1+S_{\rm n}+S_{\rm T})B_{\rm T0}^2}. \tag{B.33}$$

Greenwald 密度极限

$$n_{\mathrm{Gw}} = 10^{20} \times \frac{I_p}{\pi a^2}, \tag{B.34}$$

其中,小半径 a 单位为 m,等离子体电流 I_{p} 单位为 MA,n_{Gw} 单位为 m^{-3}. 线平均密度

$$\bar{n}_0 = n_{\mathrm{e0}} \frac{\sqrt{\pi}}{2} \cdot \frac{\Gamma(S_{\mathrm{n}}+1)}{\Gamma(S_{\mathrm{T}}+1.5)} \approx \frac{2n_{\mathrm{e0}}}{2+S_{\mathrm{n}}}. \tag{B.35}$$

后一个文献中常用的近似表达式对 $S_{\mathrm{n}}=0$ 和 1 是精确的,在 $0<S_{\mathrm{n}}<2$ 有一定准确性,其中,Γ 是欧拉伽马函数. 对于托卡马克,通常 $\bar{n}_0/n_{\mathrm{Gw}}<1$,这使得电流 I_{p} 不能太小. 安全因子我们可采用简单的(Costley,2015)

$$q = \frac{5B_{\mathrm{T0}}a^2\kappa}{R_0 I_{\mathrm{p}}}, \tag{B.36}$$

或者复杂的拟合范围较广的(Petty,2003)

$$q_{95} = \frac{5B_{\mathrm{T0}}a^2G}{R_0 I_{\mathrm{p}}},\ G = 0.5[1+\kappa^2(1+2\delta^2-1.2\delta^3)]\frac{\left(\dfrac{1-0.26255}{A}+\dfrac{1.3333}{A^2}\right)}{\left(1-\dfrac{1}{A^2}\right)^{1.462378}}, \tag{B.37}$$

由于通常要求 $q_{95}>2$ 以避免等离子体破裂,这使得 I_{p} 不能太大. 归一化比压可表示为

$$\beta_{\mathrm{N}} = 100\beta_{\mathrm{T}}\frac{aB_{\mathrm{T0}}}{I_{\mathrm{p}}}, \tag{B.38}$$

其中,小半径 a 单位为 m,等离子体电流 I_{p} 单位为 MA,磁场 B_{T0} 单位为 T. 不稳定性通常要求 $\beta_{\mathrm{N}}<12/A$,这也使得 I_{p} 不能太大. 极向比压表示为

$$\beta_{\mathrm{p}} = \frac{25}{\beta_{\mathrm{T}}} \cdot \frac{1+\kappa^2}{2}\left(\frac{\beta_{\mathrm{N}}}{100}\right)^2. \tag{B.39}$$

单位面积装置内壁的热负载表示为

$$P_{\mathrm{wall}} = \frac{P_{\mathrm{fus}}+P_{\mathrm{heat}}}{S_{\mathrm{w}}}, \tag{B.40}$$

通常有上限.

上述公式、模型,由于是标准的几何关系或者定义式,或者是基于较基础的物理过程所计算的,具有较强的通用性,对参数及装置细节物理运行模式的敏感性也不高. 还有一些物理关系,目前并无可靠的模型,因此我们作为后验公式,也即在通过模型计算出结果后,再与这些公式去对比,这包括能量约束时间定标律、电流驱动效率、L-H 转换功率阈值、不稳定性条件等.

ITER98 能量约束定标律及 H98 因子

$$\tau_{\mathrm{E}}^{IPB98} = 0.145 I_{\mathrm{p}}^{0.93} R_0^{1.39} a^{0.58} \kappa^{0.78} \bar{n}_{20}^{0.41} B_{\mathrm{T0}}^{0.15} M^{0.19} P_{\mathrm{L}}^{-0.69}, \tag{B.41}$$

$$H_{98} = \frac{\tau_{\mathrm{E}}}{\tau_{\mathrm{E}}^{IPB98}}, \tag{B.42}$$

其中总功率

$$P_{\mathrm{L}} = P_{\mathrm{heat}} + f_{\mathrm{ion}} P_{\mathrm{fus}}, \tag{B.43}$$

其中,P 单位为 MW,平均质量数 $M = (x_1 A_1 + x_2 A_2)/(1 + \delta_{12})$,等离子体电流 I_{p} 单位 MA,大小半径 R_0 和 a 单位为 m,磁场 B_{T0} 单位为 T,平均密度单位 $10^{20}\mathrm{m}^{-3}$. 对于常规托卡马克的设计,可以采用上述 ITER98 的能量约束定标律进行后验,对于一些特殊情况,我们也可用其他能量约束定标律,如低环径比的球形环,可用球形环的(Kurskiev, 2022)

综上,模型输入参数为:$T_{\mathrm{i0}}, n_{\mathrm{e0}}, f_{\mathrm{T}}, x_1, f_{\mathrm{He}}, f_{\mathrm{imp}}, Z_{\mathrm{imp}}, B_{\mathrm{T0}}, \tau_{\mathrm{E}}, R_{\mathrm{w}}, f_{\sigma}$ 及几何和剖面相关参数 $S_{\mathrm{n}}, S_{\mathrm{T}}, R_0, A, g, \kappa, \delta$ 和等离子体电流 I_{p}. 对于 I_{p},我们也可改为 β_{N} 作为输入参数;对于 B_{T0},我们也可改为 β_{T} 作为输入参数. 这里我们设定能量约束时间 τ_{E} 为输入参数,是为了避免复杂的能量约束定标律带来的敏感性,最后通过能量约束定标律作为后验参数,确定 H_{98} 是否在合理范围.

输出的主要参数为:$Q_{\mathrm{fus}}, P_{\mathrm{fus}}, P_{\mathrm{brem}}, P_{\mathrm{cycl}}, E_{\mathrm{th}}, P_{\mathrm{heat}}, \beta_{\mathrm{N}}, \beta_{\mathrm{T}}, \bar{n}, q_{95}, V_{\mathrm{p}}, S_{\mathrm{p}}$ 等.

B.2 结　　果

我们计算了氘–氚聚变和氢–硼聚变的典型结果,其结论可归结如下:

氘–氚聚变参数采用 ITER 的,结果如图 B.3 所示,与 Costley (2015) 附件中结果相近. 氢–硼堆如图 B.4 所示,可见对能量约束等要求均较高,如果采用 ITER98 定标律,约束因子 $H_{98} = 73 \gg 1$,在现有技术能力下实现难度较大;但如果球形环的约束定标律在高参数下依然成立,则所需的能量约束定标因子 $H_{\mathrm{ST}} \approx 2.49$,并非完全不可行.

POPCON(T_{i0}, n_{i0}), i_{case}=1, n_{i0}=6. 81×10^{19} m^{-3}, T_{i0} =25 keV, R_0=6. 35 m, A=3. 43, B_0=5. 18 T, δ=0. 5, k=1. 86, τ_E=2 s, I_p=9. 2 MA, S_n=0. 5, S_T =1, f_{Tavg}=0. 5, f_{navg}=0. 66, f_T=1, f_σ=1, f_l=0. 5, f_{He}=0. 04, f_{imp}=0. 01, Z_{imp}=10, R_w=0. 7, g=0. 05 m

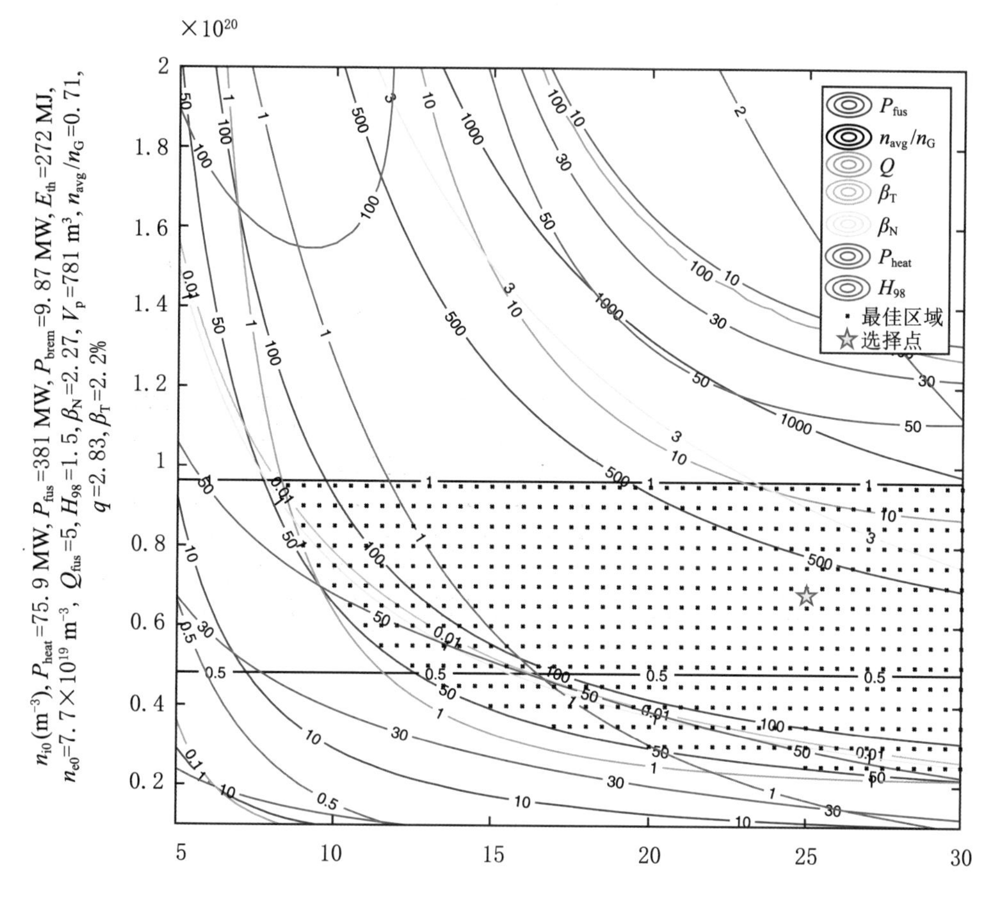

T_{i0}(keV), 最佳区域：n_{avg}/n_G<1, Q>1, P_{fus}>50 MW, P_{heat}<200 MW

图 B.3　ITER 氘–氚参数的托卡马克系统模型参数计算

POPCON(T_{i0}, n_{i0}), i_{case}=4, n_{i0}=5×10^{20} m^{-3}, T_{i0} =250 keV, R_0=2 m, A=2, B_0=10 T,
δ=0. 5, k=2, τ_E=50 s, I_p=20 MA, S_n=0. 4, S_T =0. 8, f_{Tavg}=0. 55, f_{navg}=0. 71, f_T=0. 25, f_σ=1,
f_1=0. 9, f_{He}=0, f_{imp}=0, Z_{imp}=10, R_w=0. 95, g=0 m

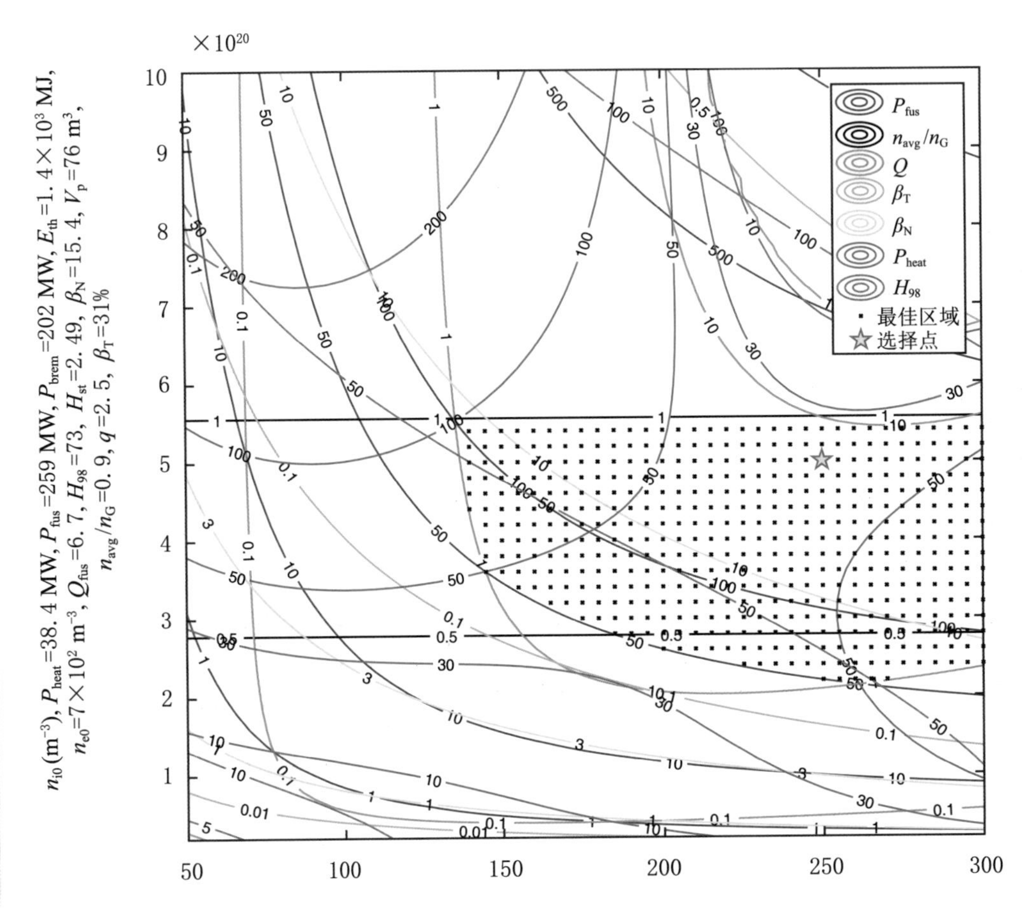

T_{i0}(keV), 最佳区域：n_{avg}/n_G<1, Q>1, P_{fus}>50 MW, P_{heat}<200 MW

图 B.4　典型氢–硼托卡马克位形参数的系统模型计算

参考文献

[1] LAWSON J D. Some criteria for a useful thermonuclear reactor[J]. Tech. Rep. GP/R 1807, Atomic Energy Research Establishment, 1955. https: //www. euro-fusion. org/fileadmin/user_upload/Archive/wp-content/uploads/2012/10/dec05-aere-gpr1807.pdf.

[2] LAWSON J D. Some criteria for a power producing thermonuclear reactor[J]. Proceedings of the Physical Society (Section B), 1957, 70: 6.

[3] 比肖普. 雪伍德方案: 美国在控制聚变方面的工作规划 [M]. 北京:科学出版社, 1960.

[4] GLASSTONE S, LOVBERG R. Controlled thermonuclear reactions: An introduction to theory and experiment[M]. Princeton: D. Van Nostrand Company, Inc, 1960.

[5] 爱德华·泰勒. 聚变第 1 卷磁约束(上)[M]. 北京:原子能出版社, 1987.

[6] 爱德华·泰勒. 聚变第 1 卷磁约束(下)[M]. 北京:原子能出版社, 1988.

[7] FREIDBERG J. Plasma physics and fusion energy[M]. Cambridge: Cambridge Univ. Press, 2007.

[8] 罗思. 聚变能引论[M]. 北京:清华大学出版社, 1993.

[9] 王淦昌,袁之尚. 惯性约束核聚变[M]. 北京:原子能出版社, 2005.

[10] CHEN F F. An indispensable truth: How fusion power can save the planet[M]. New York: Springer, 2011.

[11] WURZEL S E, HSU S C. Progress toward fusion energy breakeven and gain as measured against the Lawson criterion[J]. Physics of Plasmas, 2022, 29(6): 62103.

[12] WESSON J. Tokamaks[M]. 4th ed. New York: Oxford University Press, 2011.

[13] RYZHKOV S V, CHIRKOV A Y. Alternative fusion fuels and systems[M]. Boca Raton: CRC Press, 2019.

[14] RICHARDSON A S. NRL Plasma formulary[M]. Washington DC: World Scientific, 2019.

[15] REINDERS L J. The fairy tale of nuclear fusion[M]. Cham: Springer, 2021.

[16] PARISI J, BALL J. The future of fusion energy[M]. London: World Scientific, 2018.

[17] KIKUCHI M, LACKNER K, TRAN M Q. Fusion physics[M]. Vienna: IAEA, 2012.

[18] DOLAN T J. Fusion research: principles, experiments and technology[M]. New York: Pergamon Press, 1981.

[19] DOLAN T J. Magnetic fusion technology[M]. London: Springer, 2013.

[20] CHEN F F. Introduction to Plasma Physics and Controlled Fusion[M]. New York: Springer, 2015.

[21] ANGULO C, ARNOULD M, DESCOUVEMONT P. A compilation of charged-particle induced thermonuclear reaction rates[J]. Nuclear Physics A, 1999, 656: 3 - 183.

[22] NEVINS W M. Can inertial electrostatic confinement work beyond the ion-ion collisional time scale?[J]. Physics of Plasmas, 1995, 2: 3804-3819.

[23] NEVINS W M. A review of confinement requirements for advanced fuels[J]. Journal of Fusion Energy, 1998, 17: 25-32.

[24] NEVINS W M. Feasibility of a colliding beam fusion reactor[J]. Science, 1998, 281: 307-307.

[25] NEVINS W, SWAIN R. The thermonuclear fusion rate coefficient for p- ^{11}B reactions[J]. Nuclear Fusion, 2000, 40: 865.

[26] BOSCH H S, HALE G. Improved formulas for fusion cross-sections and thermal reactivities[J]. Nuclear Fusion, 1992, 32: 611.

[27] ATZENI S, MEYER-TER-VEHN J. The physics of inertial fusion: Beam plasma interaction, hydrodynamics, hot dense matter[M]. Oxford: Oxford University Press, 2004.

[28] LONG G. Prospects for low cost fusion development[C]. The MITRE Corporation, 2018.

[29] COX L T, MEAD F B, CHOI C K. Thermonuclear reaction listing with cross-section data for four advanced reactions[J]. Fusion Technology, 1990, 18: 325-339.

[30] GHAHRAMANY N, GHARAATI S, GHANAATIAN M. New approach to nuclear binding energy in integrated nuclear model[J]. Journal of Theoretical and Applied Physics, 2012, 6: 3.

[31] RIDER T H. A general critique of inertial-electrostatic confinement fusion systems[J]. Physics of Plasmas, 1995, 2: 1853-1872.

[32] RIDER T H. Fundamental limitations on plasma fusion systems not in thermodynamic equilibrium[J]. Physics of Plasmas, 1997, 4: 1039-1046.

[33] LIDSKY L M. The trouble with fusion[J]. MIT Technology Review, 1983, 86: 32.

[34] GARANIN S F. physical Processes in the MAGO/MTF systems[C]. LANL, 2015.

[35] MORSE E. Nuclear fusion[M]. Cham: Springer, 2018.

[36] SIKORA M H, Weller H R. A new evaluation of the $^{11}B(p,\alpha)\alpha\ \alpha$ reaction rates[J]. Journal of Fusion Energy, 2016, 35: 538-543.

[37] MCNALLY J R. Physics of fusion fuel cycles[J]. Nuclear Technology/fusion, 1982, 2: 9.

[38] MCNALLY J R. In nuclear data in science and technology, Vol. Ⅱ, Proc. Symp. Paris 12-16 March 1973 (IAEA, Vienna, 1973), p. 41.

[39] HUTCHINSON I H. Principles of plasma diagnostics[M]. 2nd ed. New York: Cambridge University Press, 2002.

[40] HARMS A A, SCHOEPF K F, MILEY G H, et al. Principles of fusion energy[M]. Singapore: World Scientific, 2000.

[41] DAWSON J M. In Fusion, Vol. 1 (Teller E., Ed.), New York: Academic Press, 1981.

[42] DAWSON J. Series lecture on advanced fusion reactors[D]. Nagoya University. 1983.

[43] DAWSON J M, FURTH H P, TENNEY F H. Production of thermonuclear power by non-maxwellian ions in a closed magnetic field configuration[J]. Phys. Rev. Lett., 1971, 26: 1156-1160.

[44] SHUY G W. Advanced fusion fuel cycles and fusion reaction kinetics[D]. Madison: University of Wisconsin, 1980.

[45] MILEY G, TOWNER H, IVICH N. Fusion cross sections and reactivities, 1974.

[46] MILEY G H, TOWNER H H. Reactivities for two-component fusion calculations, Journal Volume: 425; Conference: Proceedings on nuclear cross section and technology, Washington, DC, USA, 3 Mar 1975; Other Information: See NBS-SPEC.PUBL.–425(Vol.2); CONF-750303–P2, 1975.

[47] DAHLIN J E, SCHEFFEL J. Self-consistent zero-dimensional numerical simulation of a magnetized target fusion configuration[J]. Physica Scripta, 2004, 70: 310-316.

[48] COSTLEY A, HUGILL J, BUXTON P. On the power and size of tokamak fusion pilot plants and reactors[J]. Nuclear Fusion, 2015, 55: 033001.

[49] STACEY W M. Commentaries on criticisms of magnetic fusion[J]. Georgia Institute of Technology, 1999.

[50] NAKAO Y, MASAO O, NAKASHIMA H, et al. Control of thermal instability of pure and catalyzed D-D fusion reactor plasmas[J]. Journal of Nuclear Science and Technology, 1980, 17(7): 483-498.

[51] KHVESYUK V I, CHIRKOV A Y. Parameters of D-T, catalyzed D-D, and D-^{3}He tandem mirror reactors in burning operating[J]. Journal Plasma Fusion Research Series, 2000, 3: 537-540.

[52] LINDEMUTH I R, SIEMON R E. The fundamental parameter space of controlled thermonuclear fusion[J]. American Journal of Physics, 2009, 77: 407-416.

[53] LINDEMUTH I R. An extended study of the ignition design space of magnetized target fusion[J]. Physics of Plasmas, 2017, 24(5): 055602.

[54] NUCKOLLS J, LOWELL W, THIESSEN A, et al. Laser compression of matter to super-high densities: Thermonuclear (CTR) applications[J]. Nature, 1972, 239: 139–142.

[55] HARTWIG Z. Fusion energy and MIT's pathway to accelerated demonstration with high magnetic field tokamaks[J]. MIT, SPARC Underground –IAP, 2017.

[56] ROSTOKER N, BINDERBAUER M W, MONKHORST H J. Colliding beam fusion reactor[J]. Science, 1997, 278: 1419-1422.

[57] SPITZER L. Physics of fully ionized gases[M]. New York: Interscience Publishers, 1956.

[58] MOREAU D. Potentiality of the proton-boron fuel for controlled thermonuclear fusion[J]. Nuclear Fusion, 1977, 17: 13-20.

[59] PFALZNER S. An introduction to inertial confinement fusion[M]. New York: Taylor & Francis, 2006.

[60] SANTINI F. Non-thermal fusion in a beam plasma system[J]. Nuclear Fusion, 2006, 46: 225-231.

[61] GROSS R. Fusion energy[M]. New York: John Wiley & Sons, 1984.

[62] ROSE D J, CLARK M. Plasmas and controlled fusion[M]. Cambridge: MIT Press, 1961.

[63] ARTSIMOVICH L A. Controlled thermonuclear reactions[M]. New York: Gordon and Breach Science Publishers, 1965.

[64] RAEDER J, BORRASS K, BUNDE R, et al. Controlled nuclear fusion: Fundamentals of its utilization for energy supply[M]. Chichester: John Wiley & Sons, 1986.

[65] CHOI C K. Proceedings of the review meeting on advanced-fuel fusion[J]. EPRI ER-536-SR, Special Report, June 27-28, 1977, Chicago, Illinois.

[66] 彭先觉, 朱建士, 张信威, 等. 核爆聚变电站概念设想[J]. 物理, 1997, 26(8): 481.

[67] 卢鹤绂, 周同庆, 许国保. 受控热核聚变[M]. 上海: 上海科学技术出版社, 1960.

[68] 卡马什. 聚变反应堆物理原理与技术[M]. 北京: 原子能出版社, 1982.

[69] XIE H S, TAN M Z, LUO D, et al. Fusion reactivities with drift bi-Maxwellian ion velocity distributions[J]. Plasma Phys. Control Fusion, 2023, 65: 055019.

[70] ADELBERGER E G, et al. Solar fusion cross sections. Ⅱ. The p-p chain and CNO cycles[J]. Rev. Mod. Phys., 2011, 83: 195-245.

[71] TACCETTI J M, INTRATOR T P, WURDEN G A, et al. FRX-L: A field-reversed configuration plasma injector for magnetized target fusion[J]. Review of Scientific Instruments, 2003, 74(10): 4314-4323.

[72] GARCIA GALLARDO J A. An approach to a Lee model for rotating plasma[J]. Journal of Fusion Energy, 2022, 41(1): 3.

[73] YAGER-ELORRIAGA D A, et al. An overview of magneto-inertial fusion on the Z machine at Sandia National Laboratories[J]. Nuclear Fusion, 2022, 62(4): 042015.

[74] STAMBAUGH R D, Chan V S, et al. Fusion nuclear science facility candidates[J]. Fusion Science and Technology, 2011, 59(2): 279-307.

[75] STAMBAUGH R D, CHAN V S, MILLER R L, et al. The spherical Tokamak path to fusion power[J]. Fusion Technology, 1998, 33(1): 1-21.

[76] PETTY C C, DEBOO J C, HAYE R J, et al. Feasibility study of a compact ignition Tokamak based upon GyroBohm scaling physics[J]. Fusion Science and Technology, 2003, 43(1): 1-17.

[77] KUKUSHKUN A B, MINASHIN P V. Generalization of Trubnikov formula for electron cyclotron total power loss in Tokamak-reactors[J]. XXXVI international conference on plasma physics and CF, February 9 -13, 2009, Zvenigorod.

[78] KURSKIEV G S, et al. Energy confinement in the spherical tokamak Globus-M2 with a toroidal magnetic field reaching 0.8 T[J]. Nuclear Fusion, 2022, 62(1): 016011.

[79] 胡希伟. 受控核聚变[M]. 北京: 科学出版社, 1981.

[80] 朱士尧. 核聚变原理[M]. 合肥: 中国科学技术大学出版社, 1992.

[81] 李银安. 科学家谈物理: 受控热核聚变[M]. 长沙: 湖南教育出版社, 1992.

[82] 王乃彦. 聚变能及其未来[M]. 北京:清华大学出版社, 2001.